智能制造技术专业"十三五"规划教材
产 教 融 合 系 列 教 程
应用型人才终身学习计划

智能协作机器人
技术应用初级教程
（达明）

主　编　姜学佳　张明文
副主编　林俊志　黄建华

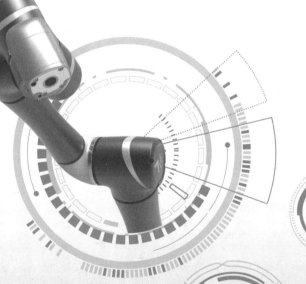

U0336203

TM Academic　　达明机器人

哈爾濱工業大學出版社
HARBIN INSTITUTE OF TECHNOLOGY PRESS

内 容 简 介

本书基于达明协作机器人，从协作机器人编程应用过程中需掌握的技能出发，由浅入深、循序渐进地介绍了达明协作机器人的技术应用。全书分为 14 章：第 1 章为协作机器人概述，介绍了机器人产业概况、协作机器人定义及特点、发展概况、主要技术参数及应用等理论知识；第 2～14 章为实操篇，介绍达明协作机器人的部件组成、软件操作等技能知识，围绕项目案例，科学设置知识点，讲解了协作机器人系统的编程、调试及视觉应用过程。通过学习本书，读者可对达明协作机器人的应用有一个全面清晰的认识。

本书图文并茂、通俗易懂，具有很强的实用性和可操作性，既可作为高等院校和中高职院校智能制造相关专业的教材，又可作为协作机器人培训机构用书，同时还可供相关行业的技术人员参考。

图书在版编目（CIP）数据

智能协作机器人技术应用初级教程. 达明/姜学佳，张明文主编. —哈尔滨：哈尔滨工业大学出版社，2022.8

产教融合系列教程

ISBN 978-7-5767-0384-9

Ⅰ. ①智… Ⅱ. ①姜… ②张… Ⅲ. ①智能机器人-教材 Ⅳ. ①TP242.6

中国版本图书馆 CIP 数据核字（2022）第 154753 号

策划编辑　王桂芝　张　荣

责任编辑　陈雪巍　刘　威

出版发行　哈尔滨工业大学出版社

社　　址　哈尔滨市南岗区复华四道街 10 号　邮编 150006

传　　真　0451-86414749

网　　址　http://hitpress.hit.edu.cn

印　　刷　哈尔滨市石桥印务有限公司

开　　本　787 mm×1 092 mm　1/16　印张 11.25　字数 267 千字

版　　次　2022 年 8 月第 1 版　2022 年 8 月第 1 次印刷

书　　号　ISBN 978-7-5767-0384-9

定　　价　42.00 元

编审委员会

前　言

自 2008 年以来，协作机器人已成为工业 4.0 中的关键角色，其成长率远高于传统型机械手臂。达明机器人作为全球第一款内建视觉系统的协作型机械手臂，在短短三年内市场占有率跃升至全球第二，其客户包含全球性的指标工业企业，如德国西门子、马牌和日本重要的自动化公司等。

制造业在工业 4.0 浪潮下有着不进则退的压力，人才则是产业蜕变的关键，但目前学校的人才培育与产业需求有很大的落差。达明机器人培训中心自 2019 年初就在全球知名大学中推动协作机器人教育，规划专责的培训中心将产业应用通过专业的课程与教学模式，系统化地进行长期的人才培育并有效率地执行培育计划。

达明机器人公司每年在全球培训数以千计的自动化工程师，更以丰富的客户导入经验扎根教育产业，除了帮助中高等教育设计学习地图、设计课程与教学、培育师资、展开专题合作、提供比赛赞助与国际性展览发表机会外，还推行整合性的智能机器人工程师证书以及教科书。

本书从实际操作的角度出发，以协作机器人概论为起点，循序渐进地介绍达明机器人基础知识、软件接口操作、逻辑编程、点位与坐标系、运动编程、视觉系统基础操作与 AOI （自动光学识别系统）等。本书实操篇的各章内容辅以练习题，有助于应用型人才的培养，让初学者在短时间内即可系统地了解达明机器人的操作知识。

本书由姜学佳和张明文共同编写，由达明机器人培训中心团队主审，江苏哈工海渡教育科技集团有限公司参与校对。为了提高教学效果，本书配有课程、教案、幻灯视频及教学视频等教学资源，以上资源可通过邮件咨询获取：trs_tc@tm-robot.com。

由于编者水平有限，书中不足之处在所难免，期盼读者多加指正。

编　者
2022 年 5 月

目　　录

第1章 协作机器人概述

1.1 机器人产业概况

当前，新科技革命和产业变革兴起，全球制造业正处在巨大的变革之中。《"十四五"智能制造发展规划》提出，到 2025 年，规模以上制造业企业大部分实现数字化网络化，重点行业骨干企业初步应用智能化；到 2035 年，规模以上制造业企业全面普及数字化网络化，重点行业骨干企业基本实现智能化。《"十四五"机器人产业发展规划》提出，到 2025 年，中国将成为全球机器人技术创新策源地、高端制造集聚地和集成应用新高地，机器人产业营业收入年均增速超过 20%，制造业机器人密度实现翻番。

随着"工业 4.0"时代的来临，全球机器人企业也在面临各种新的挑战。一方面，有赖于劳动力密集型的低成本运营模式，技术熟练的工人使用成本快速增加。另一方面，服务化以及规模化定制的产品供给，要求制造商必须尽快适应更加灵活、周期更短、量产更快、更具本土化特点的生产和设计方案。

在这两大挑战下，传统工业机器人使用起来并不方便：价格昂贵、成本超预算，而且需要根据专用的安装区域和使用空间而专门设计；固定的工位布局，不方便移动和变化；烦琐的编程示教，需要专人使用；缺少环境感知的能力，在与人一起工作时要求设置安全栅栏。

因此，在传统的工业机器人逐渐取代单调、重复性高、危险性强的工作时，能够与人协作的机器人也在慢慢渗入各个工业领域。

据高工产业研究院（GGII）数据显示，2018 年中国协作机器人销量为 6 320 台，同比增长 49.9%，市场规模达 9.3 亿元；2019 年市场规模达到 13 亿元，销量为 8 848 台，同比增长 40%。图 1.1 所示为 2014～2023 年我国协作机器人的销量及其预测。未来几年，在市场需求的作用下，我国协作机器人市场开始逐渐放量，协作机器人销量及市场规模会进一步扩大。预计到 2023 年，销量将达 36 500 台，市场规模将突破 35 亿元。

2

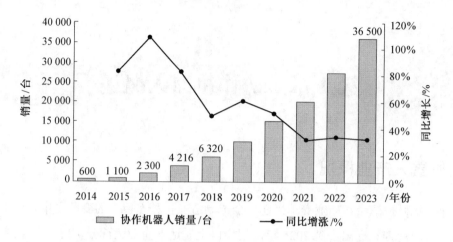

图 1.1　2014～2023 年我国协作机器人的销量及其预测

　　目前全球范围内，无论是传统工业机器人巨头，还是新兴的机器人创业公司都在加紧布局协作机器人。以我国为例，《中国制造 2025》规划的出台为协作机器人提供了广阔的市场前景。从我国协作机器人市场结构来看，近年来，达明、新松、大族、思灵等协作机器人企业，通过不断加强技术及产品创新，逐步打破外资品牌市场垄断，使得我国协作机器人市场份额持续增长，图 1.2 所示为 2017～2019 年我国协作机器人内外资市场份额统计。

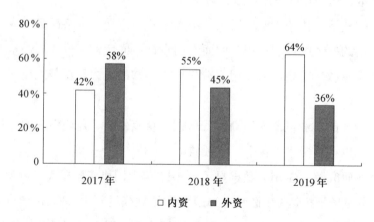

图 1.2　2017～2019 年我国协作机器人内外资市场份额统计

（资料来源：前瞻产业研究院整理）

　　协作机器人作为工业机器人的一个重要分支，将迎来爆发性发展态势，同时带来对协作机器人行业人才的大量需求，培养协作机器人行业人才迫在眉睫。而协作机器人行业的多品牌竞争局面,迫使学习者需要根据行业特点和市场需求,尽早学习和掌握协作机器人的知识和操作要领,从而提高自身职业技能和个人竞争力。

1.2　协作机器人定义及特点

协作机器人(Collaborative Robot),简称 cobot 或 co-robot,是为与人直接交互而设计的机器人,即一种被设计成能与人类在共同工作空间中进行近距离互动的机器人。

传统工业机器人需在安全围栏或其他保护措施之下,完成诸如焊接、喷涂、搬运码垛、抛光打磨等高精度、高速度的操作。而协作机器人打破了传统的全手动和全自动的生产模式,能够直接与操作人员在同一条生产线上工作,不需要使用安全围栏将其与人隔离,如图 1.3 所示。

图 1.3　协作机器人在没有防护围栏环境下工作

协作机器人的主要特点:

➢ 轻量化:体积小,质量轻、易于安装,可以任意移动,提高了生产线的柔性。

➢ 友好性:机器人的表面和关节是光滑且平整的,无尖锐的转角或者易夹伤操作人员的缝隙。

➢ 部署灵活:机身能够缩小到可放置在工作台上的尺寸,可安装于各种工作平面。

➢ 人机协作:在风险评估后可不需要安装防护围栏,使人和机器人能协同工作。

➢ 编程方便:对于一些普通操作者和无技术背景的人员来说,都非常容易进行编程与调试。

➢ 使用成本低:基本上不需要维护保养的成本投入,机器人本体功耗较低。

协作机器人与传统工业机器人的特点对比见表 1.1。

表 1.1　协作机器人与传统工业机器人的特点对比

类别	协作机器人	传统工业机器人
目标市场	大型企业、中小企业、适应柔性化生产要求的企业	大规模生产企业
生产模式	多品种、中小批量、周期短的柔性生产线或人机混线的半自动生产线	单一品种、大批量、周期性强、高节拍的全自动生产线
工作环境	可随意移动并可与人协同工作，部署灵活，亦可快速换线	固定安装且需加安全围栏，与人隔离，安装难度大
操作环境	图形化编程简单易学、可拖动示教和机器示教	专业人员代码编程、机器示教再现
常用领域	精密装配、检测、产品包装、抛光打磨、上下料等	焊接、喷涂、搬运码垛等

协作机器人是整个机器人产业链中一个非常重要的细分类别，有它独特的优势，但同样存在缺点：

➤ 速度慢。为了控制力度和减小碰撞力，协作机器人的运行速度相对较慢。

➤ 负载小。低自重、小巧灵活及柔性化的要求，导致协作机器人体型都很小，负载一般在 20 kg 以下。

1.3　协作机器人发展概况

1.3.1　国外发展概况

协作机器人的发展起步于 20 世纪 90 年代，大致经历了 3 个阶段：概念期、萌芽期和发展期。

1. 概念期

1995 年 5 月，世界上第一台商业化人机协作机器人 WAM 在美国国家航空航天局肯尼迪航天中心首次公开亮相，如图 1.4 所示。

1996 年，美国西北大学的 J. Edward Colgate 教授和 Michael Peshkin 教授首次提出了协作机器人的概念并申请了专利。

2. 萌芽期

2003 年，德国宇航中心的机器人学及机电一体化研究所与 KUKA 联手，产品从轻量型机器人向工业协作机器人转型，研发的 DLR 三代轻量机械臂如图 1.5 所示。

图 1.4　WAM

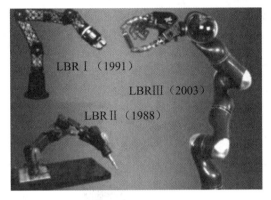

图 1.5　DLR 三代轻量机械臂

2005 年，致力于通过机器人技术增强中小型企业劳动力水平的 SME Project 项目开展，协作机器人的发展在工业应用中迎来契机。

2008 年，Universal Robots 推出第一款协作机器人产品 UR5；同年，协作机器人企业 Rethink Robotics 成立。

3. 发展期

2014 年，ABB 发布首台人机协作的双臂机器人 YuMi，KUKA、FANUC、YASKAWA 等多家工业机器人厂商相继推出协作机器人产品。

2016 年，国内相关企业快速发展，相继推出协作机器人产品；同年，国际标准化组织（ISO）针对协作机器人发布了工业标准 ISO/TS 15066：2016（*Robots and robotic devices—Collaborative robots*），明确协作机器人环境中的相关安全技术规范，所有协作机器人产品必须通过此标准认证才能在市场上发售。

至此，协作机器人在标准化生产的道路上步入正轨，开启了协作机器人发展的元年。

1.3.2　国内发展现状

相比成熟的国外市场，国内协作机器人的发展尚处于起步阶段，但发展速度十分迅猛。协作机器人在国内兴起于 2014 年，成品化进程相对较晚，但也取得了一些可喜的成果，如达明、新松、思灵等都相继推出了自己的协作机器人。

2015 年，达明机器人首次推出内建视觉的协作型六轴机器人 TM5，如图 1.6 所示。该机器人的特点为：高度整合视觉，让机器人能适应环境变化，强调人机共处的安全性；采用图形化拖拉式示教编程，让使用者能够快速上手。TM5 可广泛运用在 3C 电子、汽车及零配件、机械加工、食品、家电、服务等行业。

2015 年底，由北京大学工学院先进智能机械系统及应用联合实验室、北京大学高精尖中心研制的单臂/双臂人机协作机器人 WEE 先后在上海工业博览会、中国国际高新技术成果交易会（深圳）、世界机器人博览会（北京）上参展亮相，它是一台具备国际先进水平的高带宽、轻型、节能的协作机器人，如图 1.7 所示。

图 1.6　达明协作机器人 TM5　　　　　图 1.7　单臂/双臂人机协作机器人 WEE

　　新松协作机器人是一款七自由度协作机器人，图 1.8 所示为新松 SCR5 协作机器人。其具备快速配置、牵引示教、视觉引导、碰撞检测等功能，特别适用于布局紧凑、精准度高的柔性化生产线，满足精密装配、产品包装、打磨、检测、机床上下料等工业操作需要。

　　北京思灵机器人公司是一家智能机器人系统研发及应用服务商，成立于 2018 年，在中国北京、德国慕尼黑设立双总部。北京思灵机器人公司致力于智能机器人软硬件系统的研发及应用，核心产品包括七自由度轻量化机械臂、通用机器人控制器、机器人视觉系统等。图 1.9 所示为思灵 Diana7 力控机器人，其搭载 AgileCore.OS 的智能柔性机器人操作平台（FIP），可以适应非结构性环境，通过"手眼配合"来完成装配工作中传统机器人难以完成的复杂任务，可实现产线的快速拆装、自由组线及快速换线。

图 1.8　新松 SCR5 协作机器人　　　　图 1.9　思灵 Diana7 力控机器人

1.3.3　协作机器人简介

目前协作机器人市场仍处于起步发展阶段。现有公开数据显示，目前全球已经有超过 50 家机器人公司研发出各式协作机器人。根据结构及功能，本书选取了 5 款协作机器人进行简要介绍，分别是达明机器人的 TM5、KUKA 的 LBR iiwa、ABB 的 GoFa CRB 15000、FANUC 的 CRX-10iA/L 以及 Universal Robots 的 UR5。

1. TM5

达明机器人（TECHMAN ROBOT）是一家专注于研发制造协作型机器人与提供工业自动化解决方案的世界级领导厂商，从 2012 年开始涉足机器人领域。该公司在 2015 年东京 iREX 展会首次发布了 TM5 系列协作机器人，如图 1.10 所示。多年来，其凭借独特的产品设计以及优良的品质，快速跃升为全球市场占有率第二的协作机器人品牌，并成功应用于 3C 电子、汽车及零部件、金属加工、食品、医药、物流等行业，用于上下料、装配、螺丝锁附、喷漆、焊接等操作。图 1.11 所示为 TM5 在生产线自动装箱及贴标工艺中的应用。

图 1.10　TM5　　　　　图 1.11　TM5 在生产线自动装箱及贴标工艺中的应用

2. LBR iiwa

LBR iiwa 是 KUKA 开发的一款量产灵敏型机器人，也是具有人机协作能力的机器人，如图 1.12 所示。该款机器人具有突破性构造的七轴机器人手臂，使用智能控制技术、高性能传感器和先进的软件技术。所有的轴都具有高性能碰撞检测功能和集成的关节力矩传感器，可及时识别接触，并立即降低力和速度。

LBR iiwa 能感测正确的安装位置，高精度、极其快速地安装工件，并且与轴相关的力矩精度达到最大力矩的 ±2%，特别适用于柔性、灵活度和精准度要求较高的行业，如电子、医药、精密仪器等工业。图 1.13 所示为 LBR iiwa 在汽车公司生产线上作业。

8

图 1.12　LBR iiwa

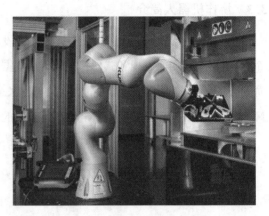

图 1.13　LBR iiwa 在汽车公司生产线上作业

3．GoFa CRB 15000

2021 年 2 月 ABB 通过推出新型六轴协作机器人 GoFa CRB 15000，来扩展其协作机器人产品组合，以满足对能够处理更大有效载荷的协作机器人不断增长的需求，来提高生产力和灵活性，如图 1.14 所示。

GoFa CRB 15000 协作机器人建立在 ABB YuMi 系列基础之上，每个关节均配备智能传感器，可与人类一同开展连续、安全的工作，并且非常易于安装和使用。GoFa CRB 15000 协作机器人凭借 950 mm 的工作范围和高达 2.2 m/s 的速度，为多种应用提供有效的解决方案，包括物料搬运、机器管理、组件组装、包装和检查，如图 1.15 所示。

图 1.14　GoFa CRB 15000

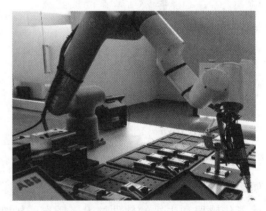

图 1.15　GoFa CRB 15000 用于部件搬运和组装作业

4．CRX-10iA/L

2019 年 12 月，FANUC 机器人在日本国际机器人展览会上首次推出新型协作机器人 CRX-10iA，此次推出的新型协作机器人具备高安全性、高可靠性、便捷使用三大特点，引领人机协作技术进入了新时代。

作为一款小型协作机器人，CRX-10iA 负载为 10 kg，可达半径为 1 249 mm，其长臂型机型 CRX-10iA/L，动作半径可达 1 418 mm，如图 1.16 所示。CRX-10iA/L 机器人针对小型部件的搬运、装配等应用需求为用户提供精准、灵活、安全的人机协作解决方案。

CRX-10iA/L 机器人具有优秀的运动性能，除了可高速运动外，其焊接操作采用拖动示教方式，可高效快捷地完成焊接轨迹的示教，解决了小批量、多批次工件示教烦琐的痛点。CRX-10iA/L 可协同工人完成重零件的搬运及装配工作，例如组装汽车轮胎或机床上下料等。图 1.17 所示为 CRX-10iA/L 用于部件搬运固装作业。

图 1.16　CRX-10iA/L

图 1.17　CRX-10iA/L 用于部件搬运组装作业

5. UR5

UR5 是由 Universal Robots 推出的六轴协作机器人，如图 1.18 所示。UR5 采用公司自主研发的 Poly Scope 机器人系统，该系统操作简便，容易掌握，即使没有编程经验也可当场完成调试并实现运行。图 1.19 所示为 UR5 在 3C 行业中移动、拧紧产品时的应用。

图 1.18　UR5

图 1.19　UR5 在 3C 行业中的应用

1.3.4 协作机器人的发展趋势

协作机器人除了在机体的设计上变得更轻巧易用之外，其发展已呈现如下趋势。

1. 提升产品质量以获得产业的良性循环

随着行业的发展，越来越多的国产配套厂家在与机器人本体厂家的磨合中提升了自己的产品质量，使得产业良性循环得以继续。

2. 模块化设计

模块化的设计概念在协作机器人上体现得尤为突出。快速可重构的模块化关节为国内厂家提供了一种新思路，加速了协作机器人的设计进程，用户可以把更多的精力放到控制器、示教器等其他核心部分的研究中。随着关节模块内零部件国产化的普及，协作机器人的整体价格也在逐年降低。

3. 机械结构的仿生化

协作机器人机械臂越接近人手臂的结构，其灵活度就越高，越适合完成相对精细的任务，如生产流水线上的辅助工人分拣、装配等操作。三指变胞手、柔性仿生机械手，都属于提高协作机器人抓取能力的前沿技术。

4. 机器人系统生态化

协作机器人可以吸引第三方开发围绕机器人的成熟工具和软件，如复杂的工具、机器人外围设备接口等，这有助于降低机器人应用的配置难度，提升使用效率。

5. 市场定位逐渐清晰

个性化定制和柔性化生产所需要的已经不是传统的生产方式，不断迭代的产品对机器人组装工艺的通用性、精准度、可靠性都提出了越来越高的要求。为了应对这一挑战，需要更柔性、更高效的解决方案，即智能化与协作，进而制造方式必然需要具备更高的灵活性和自动化程度。由此，能和工人并肩协同工作的协作机器人成为迫切需求。

1.4 协作机器人的主要技术参数

协作机器人的技术参数反映了机器人的适用范围和工作性能，主要包括自由度、额定负载、工作空间、工作精度，其他参数还有工作速度、控制方式、驱动方式、安装方式、动力源容量、本体质量、环境参数等。

1. 自由度

自由度是指描述物体运动所需要的独立坐标数。

空间直角坐标系又称为笛卡尔直角坐标系，它是以空间一点 O 为原点，建立三条两两相互垂直的数轴，即 X 轴、Y 轴和 Z 轴。机器人系统中常用的坐标系为右手坐标系，即 3 个轴的正方向符合右手规则：右手大拇指指向 X 轴正方向，食指指向 Y 轴正方向，中指指向 Z 轴正方向，如图 1.20 所示。

在三维空间中描述一个物体的位姿（即位置和姿态）需要 6 个自由度，如图 1.21 所示：

> 沿空间直角坐标系 $O\text{-}XYZ$ 的 X、Y、Z 3 个轴的平移运动 T_X、T_Y、T_Z。

> 绕空间直角坐标系 $O\text{-}XYZ$ 的 X、Y、Z 3 个轴的旋转运动 R_X、R_Y、R_Z。

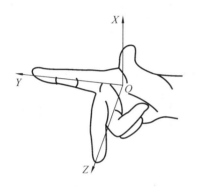

图 1.20　右手规则

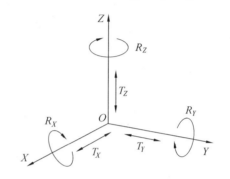

图 1.21　刚体的 6 个自由度

机器人的自由度是指机器人相对坐标系能够进行独立运动的数目，不包括末端执行器的动作，如焊接、喷涂等。通常，垂直多关节机器人以 6 自由度为主。

机器人的自由度反映机器人动作的灵活性，自由度越多，机器人就越能接近人手的动作机能，通用性越好；但是自由度越多，结构就越复杂，对机器人的整体要求就越高。因此，协作机器人的自由度需根据其用途设计，如图 1.22 所示。

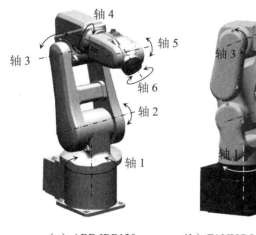

（a）ABB IRB120

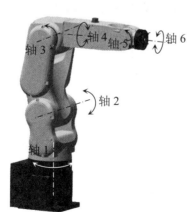

（b）FANUC LR Mate 200iD/4S

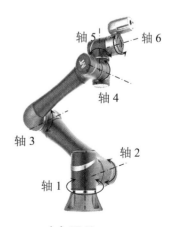

（c）TM5

图 1.22　机器人的自由度

采用空间开链连杆机构的机器人，因每个关节仅有一个自由度，所以机器人的自由度数就等于它的关节数。

2. 额定负载

额定负载也称为有效负荷，是指正常作业条件下，协作机器人在规定性能范围内，手腕末端所能承受的最大载荷，见表 1.2。

表 1.2　协作机器人的额定负载

品牌	ABB	FANUC	达明	Universal Robots
型号	GoFa	CRX-10iA/L	TM5	UR5
实物图				
额定负载	5 kg	10 kg	6 kg	5 kg

3. 工作空间

工作空间又称为工作范围、工作行程，是指协作机器人作业时，手腕参考中心（即手腕旋转中心）所能到达的空间区域，但不包括手部本身所能到达的区域。以达明的TM5-900 机器人为例，如图 1.23 所示，TM5-900 的工作范围约为以底座为球心、半径为900 mm 的球形空间，由于构型上的限制，使用上应尽量避免将工具中心移至底座上下方的圆柱状空间。

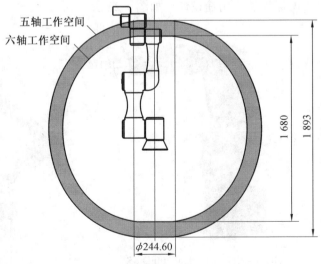

图 1.23　TM5-900 机器人的工作空间（单位：mm）

工作空间的形状和大小反映了机器人工作能力的大小，它不仅与机器人各连杆的尺寸有关，还与机器人的总体结构有关。协作机器人在作业时可能会因存在手部不能到达的作业死区而不能完成规定任务。

由于末端执行器的形状和尺寸是多种多样的，为真实反映机器人的特征参数，工作范围一般是指不安装末端执行器时机器人可以到达的区域。

注意：在装上末端执行器后，需要同时保证工具姿态，实际的可到达空间和理想状态的可到达空间有差距，因此需要通过比例作图或模型核算，来判断是否满足实际需求。

4. 工作精度

协作机器人的工作精度包括定位精度和重复定位精度。

（1）定位精度又称为绝对精度，是指机器人的末端执行器实际到达位置与目标位置之间的差距。

（2）重复定位精度简称重复精度，是指在相同的运动位置命令下，机器人重复定位其末端执行器于同一目标位置的能力，以实际位置值的分散程度来表示。

实际上，机器人重复执行某位置给定指令时每次走过的距离并不相同，均是在一平均值附近变化。该平均值代表精度，变化的幅值代表重复精度，分别如图 1.24 和图 1.25 所示。机器人具有绝对精度低、重复精度高的特点。

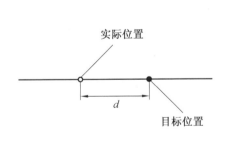

图 1.24　定位精度

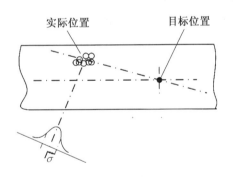

图 1.25　重复定位精度

常见协作机器人的重复定位精度见表 1.3。

表 1.3　常见协作机器人的重复定位精度

品牌	ABB	FANUC	达明	Universal Robots
型号	GoFa	CRX-10iA/L	TM5	UR5
实物图				
重复定位精度	±0.05 mm	±0.04 mm	±0.03 mm	±0.03 mm

1.5　协作机器人的应用

随着工业的发展，多品种、小批量、定制化的工业生产模式成为趋势，对生产线的柔性提出了更高的要求。在自动化程度较高的行业，基本的工业生产模式为人与专机相互配合，机器人主要完成识别、判断、上下料、插拔、打磨、喷涂、点胶、焊接等需要一定智能但又枯燥单调重复的工作，而人工操作的局限性使得人成为进一步提升品质和提高效率的瓶颈。协作机器人由于具有良好的安全性和一定的智能性，可以很好地替代操作工人，形成"协作机器人加专机"的工业生产模式，从而实现工位自动化。

由于协作机器人固有的安全性，如力反馈和碰撞检测等功能，人与协作机器人并肩合作的安全性将得以保证，因此被广泛应用于汽车零部件、3C电子、金属机械、五金卫浴、食品饮料、注塑化工、医疗制药、物流仓储、科研、服务等行业。

1.5.1　汽车行业的应用

工业机器人已在汽车和运输设备制造业中应用多年，主要在防护栏后面执行喷漆和焊接操作。而协作机器人则更"喜欢"在车间内与人类一起工作，能为汽车应用中的诸多生产阶段增加价值，例如拾取部件并将部件放置到生产线或夹具上、压装塑料部件以及操控检查站等，可用于螺钉固定、装配组装、贴标签、机床上下料、物料检测、抛光打磨等环节。图 1.26 所示为协作机器人在汽车行业的应用。

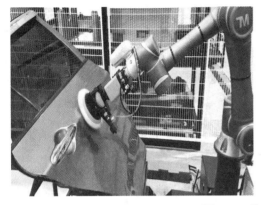

图 1.26　汽车行业的应用

1.5.2　3C 行业的应用

　　3C 行业具有元件精密和生产线更换频繁两大特点，一直以来都面临着自动化效率方面的挑战，而协作机器人擅长在上述环境中工作，可用于金属锻造、检测、组装以及研磨工作站，实现许多电子部件制造任务的自动化处理。图 1.27 所示为协作机器人在 3C 行业的应用。

图 1.27　3C 行业的应用

1.5.3　食品行业的应用

　　食品行业容易受到季节性变化的影响，高峰期间劳动力频繁增减十分常见，而这段时间内往往很难雇到合适的人手。得益于协作机器人使用的灵活性，协作机器人有助于满足三班倒和季节性劳动力供应的需求，并可用于多条不同的生产线，如包装箱体、装卸生产线、协助检查等，还可应用于食品服务行业，图 1.28 所示为协作机器人在食品行业的应用。

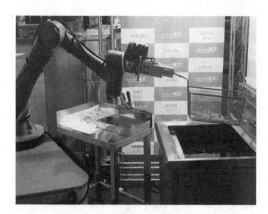

图 1.28　食品行业的应用

1.5.4　金属加工行业的应用

金属加工环境是人类最具挑战性的环境之一，酷热、巨大的噪音和难闻的气味司空见惯。该行业中一些艰巨的工作比较适合协作机器人。无论是操控折弯机和其他机器，还是装卸生产线和固定装置，或是处理原材料和成品部件，协作机器人都能够在金属加工领域大展身手。图 1.29 所示为协作机器人在金属加工行业的应用场景。

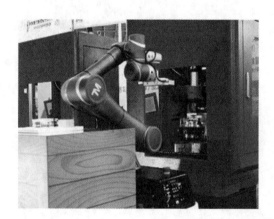

图 1.29　金属加工行业的应用

第 2 章　达明机器人认知

2.1　达明机器人简介

达明机器人具有六自由度、人机协作、轻量化等特点，手臂末端配置相机，是一款内建视觉的机械手臂，可以胜任从常规负载到中高负载的任务。达明机器人具备以下特点：

（1）内建视觉系统与机器人的硬件和软件相整合，可以节省更多时间与成本。

（2）使用 TMflow 软件操作机器人和进行任务编程，可简易创建工作项目。

（3）保障工作人员与协作机器人的互动安全，当机器人与周边物体发生碰撞时会立即停止，从而防止对人或其他机器造成进一步伤害。

TM5 系列常规负载机器人有 TM5-700 与 TM5-900，中高负载机器人有 TM12 和 TM14，各型号的规格参数见表 2.1。

表 2.1　达明机器人各型号的规格参数

型号	常规负载		中高负载	
	TM5-700	TM5-900	TM12	TM14
机器人本体				
自由度	6	6	6	6
有效载荷/kg	6	4	12	14
重复定位精度/mm	±0.03	±0.03	±0.03	±0.03
工作空间/mm	700	900	1 300	1 100
本体质量/kg	22.1	22.6	32.8	32.6

2.2 机器人系统组成

达明机器人一般由 3 个部分组成：机器人本体、电控箱和机器人控制棒。本书以TM5-900 机器人为例，进行相关介绍和分析，其组成结构如图 2.1 所示。

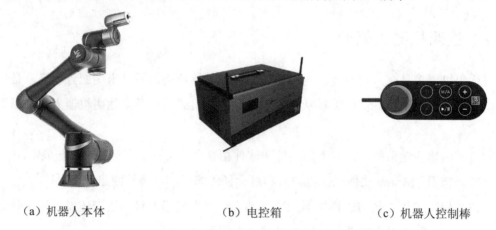

（a）机器人本体　　　　　（b）电控箱　　　　　（c）机器人控制棒

图 2.1　TM5-900 机器人组成结构

2.2.1 机器人本体

机器人本体又称为操作机，是机器人的机械主体，是用来完成规定任务的执行机构。机器人本体模仿人的手臂，共有 6 个旋转关节，每个关节表示一个自由度，如图 2.2 所示。基座用于机器人本体和底座连接，工具端用于机器人与工具连接。用户可通过 TMflow操作界面或拖动示教方式控制各个关节轴转动，使机器人末端移动到不同的位置。

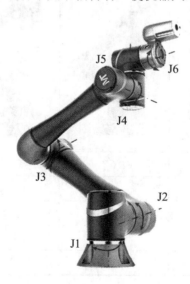

图 2.2　机器人本体的关节介绍

TM5-900 机器人的工作范围及最大速度见表 2.2。

表 2.2　TM5-900 机器人的工作范围及最大速度

轴	工作范围	最大速度
J1 轴	−270°～270°	180（°）/s
J2 轴	−180°～180°	180（°）/s
J3 轴	−155°～155°	180（°）/s
J4 轴	−180°～180°	225（°）/s
J5 轴	−180°～180°	225（°）/s
J6 轴	−270°～270°	225（°）/s

2.2.2　电控箱

电控箱可放置于地上或机架上，电控箱前端和背部均有设置接口，前端设有 LCD 面板显示、Wifi 天线以及电控箱 I/O，各 HW 版本电控箱的外观如图 2.3 所示。在放置电控箱时，四周需保留 5 cm 的空间供空气对流散热使用。

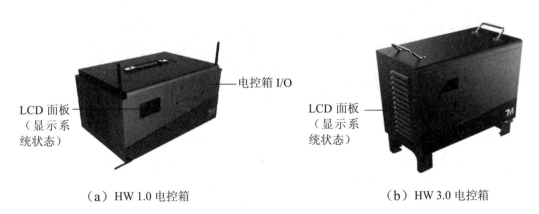

（a）HW 1.0 电控箱　　　　　　　　　（b）HW 3.0 电控箱

图 2.3　各 HW 版本电控箱的外观

1. 电控箱 I/O 配置

HW 1.0 电控箱的 I/O 配置如图 2.4 所示，包括模拟输入/输出信号、16 位数字输入/输出信号、电源接口及安全接口等。

20

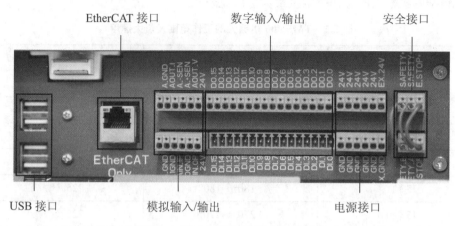

图 2.4　HW 1.0 电控箱的 I/O 配置

（1）数字输入/输出信号。

数字输入/输出信号各 16 个通道，HW 1.0 数字输入/输出应用接法如图 2.5 所示。数字输入若直接接 Sensor 时，需选用 NPN type sensor。

Digital OUT															
DO_15	DO_14	DO_13	DO_12	DO_11	DO_10	DO_9	DO_8	DO_7	DO_6	DO_5	DO_4	DO_3	DO_2	DO_1	DO_0

Digital IN															
DI_15	DI_14	DI_13	DI_12	DI_11	DI_10	DI_9	DI_8	DI_7	DI_6	DI_5	DI_4	DI_3	DI_2	DI_1	DI_0

图 2.5　HW 1.0 数字输入/输出应用接法

HW 1.0 数字输入/输出信号接线示意图如图 2.6 所示。

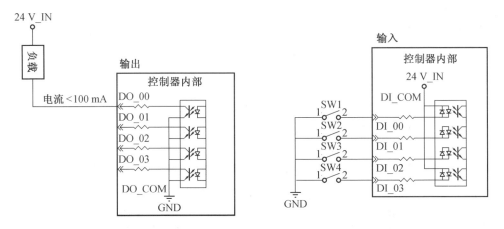

（a）数字输出信号接线示意图　　　　　（b）数字输入信号接线示意图

图 2.6　HW 1.0 数字输入/输出信号接线示意图

HW 3.0 数字输入/输出 Sink 或 Source 接线如图 2.7 所示。根据需求可将输入/输出设置为 Sink（NPN）类型或 Source（PNP）类型。

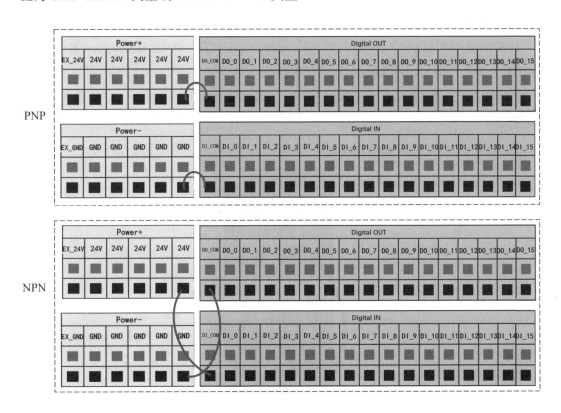

图 2.7　HW3.0 数字输入/输出 Sink 或 Source 接线

（2）电源接口。

电控箱 I/O 电源包括内部供电和外部供电两种方式，开机时，电控箱会检测是否有外部 24 V 输入，若没有则会切换成内部供电。电控箱本身提供 24 V/1.5 A 输出（24 V_EX），若 24 V 负载超过 1.5 A 时，会进入保护模式而关闭 24 V 的输出。EX_24 V 为外部提供 24 V 的输入接口，若负载超过 1.5 A 时，可改由外部供电。EX_24 V 的线路负载最高不可超过 3.5 A，电源接口示意图如图 2.8 所示。

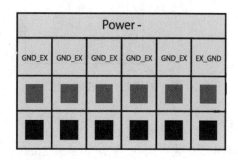

图 2.8   电源接口示意图

（3）安全接口。

HW1.0 电控箱提供的安全接口为 Emergency Stop（ESTOP）& Safety Stop 扩充接口。ESTOP 为 N.C.（Normally Closed）接点，当 ESTOP SW 为 OPEN 时，手臂则进入 Emergency STOP 的状态。Safety A & B 也为 N.C.接点，当 Safety SW 为 OPEN 时，手臂则进入暂停的状态。

安全接口示意图如图 2.9 所示，可在没有附加安全设备的情况下进行操作。

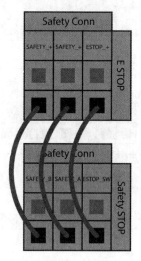

图 2.9   安全接口示意图

2. 电控箱背部

电控箱的背部接口配置如图 2.10 所示，其中包括手臂复合线接口、机器人电源接口、HDMI 接口、VGA 接口、3 个 RS232 接口、LAN 接口和 USB 接口等。

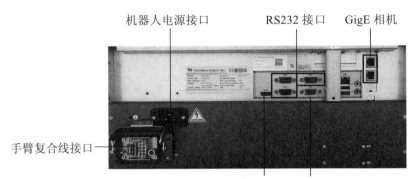

图 2.10　电控箱的背部接口配置

2.2.3　机器人控制棒

机器人控制棒具备 6 个功能按键（电源键、停止键、M/A 模式切换键、运行/暂停键和+/-键）、3 个指示灯（电源指示灯和 2 个模式指示灯）、1 个紧急开关以及二维码标签，如图 2.11 所示。

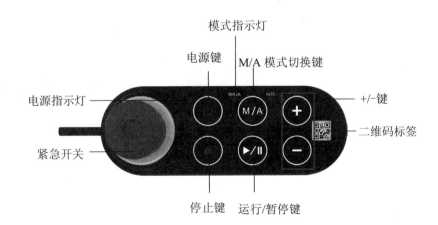

图 2.11　控制棒功能部件介绍

机器人控制棒各按键功能说明见表 2.3。

表 2.3　控制棒按键功能说明

按键	功能说明
紧急开关	机器人默认的紧急按钮
电源键	开机：按下后放开 关机：长按约 5 s 后放开
M/A 模式切换键	切换手动/自动模式
运行/暂停键	运行/暂停项目，单击触发
停止键	按下则手臂停止运行，并退出项目运行
+/-键	手臂运行状态下的速度调整键
电源指示灯	显示机器人电源状态
模式指示灯	分为 Manual/Auto 两个指示灯，显示机器人操作模式。开机完成后 Auto 一侧蓝灯常亮，单击 M/A 模式切换键后 Manual 一侧绿灯常亮
二维码标签	机器人 IPC 主机名称

2.3　机器人安装

2.3.1　首次安装机器人

1. 拆箱

拆箱时要通过专业的拆卸工具打开箱子，装箱清单图如图 2.12 所示。

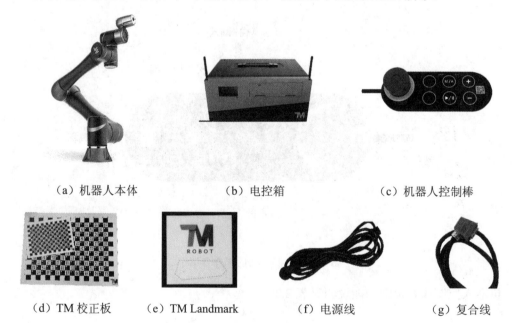

（a）机器人本体　　　　　（b）电控箱　　　　　（c）机器人控制棒

（d）TM 校正板　　　（e）TM Landmark　　　（f）电源线　　　　（g）复合线

图 2.12　装箱清单图

2. 机器人安装

（1）机器人本体。

机器人机座固定孔规格如图 2.13（a）所示。TM5 机器人是通过底座 4 个直径为 11 mm 的圆孔，使用 4 颗 M10 的螺栓来固定，建议锁附扭矩为 35 N·m。若使用时对精度要求较高，则安装时可通过两个直径为 6 mm 的定位孔搭配定位柱来增加安装精度。

（2）工具法兰。

TM5 机器人的末端工具可使用 4 颗 M6 的螺丝将其固定在末端法兰上的 4 个牙孔上，建议锁附扭矩为 9 N·m。若使用时对精度要求较高，则安装时可通过两个直径为 6 mm 的定位孔搭配定位柱来增加安装精度。工具法兰固定孔规格如图 2.13（b）所示。

（3）电控箱与控制棒。

电控箱可放置于地上或机架上，须注意四周需保留 5 cm 的空间供空气对流散热使用。机器人控制棒具备磁性，可吸附于铁磁材质之上。禁止不加固定而随意放置机器人控制棒，放置时须注意信号线应妥善布置，避免因拉扯而造成损坏。

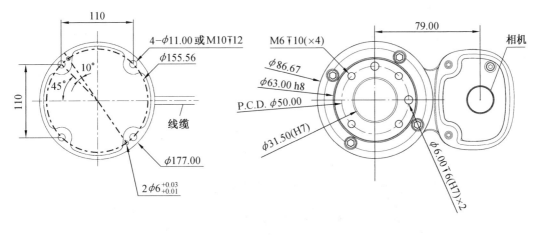

（a）机器人基座固定孔　　　　　　　　（b）工具法兰固定孔

图 2.13　机器人固定孔规格（单位：mm）

2.3.2　电缆线连接

电控箱底部有手臂复合线接口、电源接口，使用前要把电缆插到对应的插口中，只有将系统内部电缆连接完成后，才能开机启动机器人。

系统内部的电缆线连接包括机器人本体、电控箱、电源等之间的电缆连接。

1. 机器人本体与电控箱连接

机器人复合线与电控箱连接的一端是方形航空插头。线缆一端从机器人底座上引出，另一端插头连到电控箱底部的对应插口上，注意插入方向，插紧后要扣紧锁紧环，如图2.14 所示。

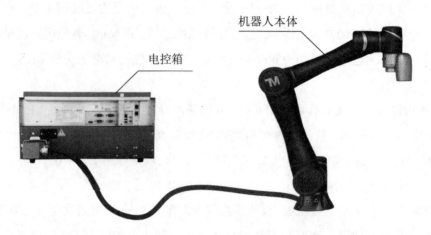

图 2.14　机器人本体与电控箱连接示意图

2. 电源与电控箱连接

控制箱的电源线端有标准 IEC 插头，可通过电源线将本地的电源插头连接到 IEC 插头上，如图 2.15 所示。

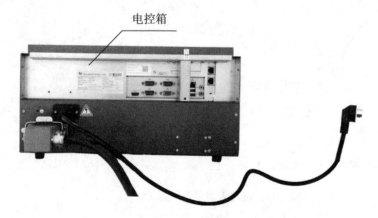

图 2.15　电源与电控箱连接示意图

2.3.3　启动机器人

本书所涉及的机器人本体和电控箱安装在工业机器人技能考核实训台上，如图 2.16 所示。安装机器人本体和电控箱，连接相关线缆，开启系统电源后就可以启动机器人。

图 2.16　工业机器人技能考核实训台（TM5-900 机器人）

　　启动机器人前须确保机器人周边无障碍物，操作人员处在安全位置。启动机器人的操作步骤见表 2.4。

表 2.4　启动机器人的操作步骤

序号	图片示例	操作步骤
1		开启操作台电箱柜，将电源品字头插头插到交流电源插座上，手臂电控箱上电成功
2	电源键	（1）按下电源键，机器人与显示屏一同上电，显示屏点亮。（2）确保机器人进入开机模式且控制棒上的电源指示灯不断闪烁

续表 2.4

序号	图片示例	操作步骤
3	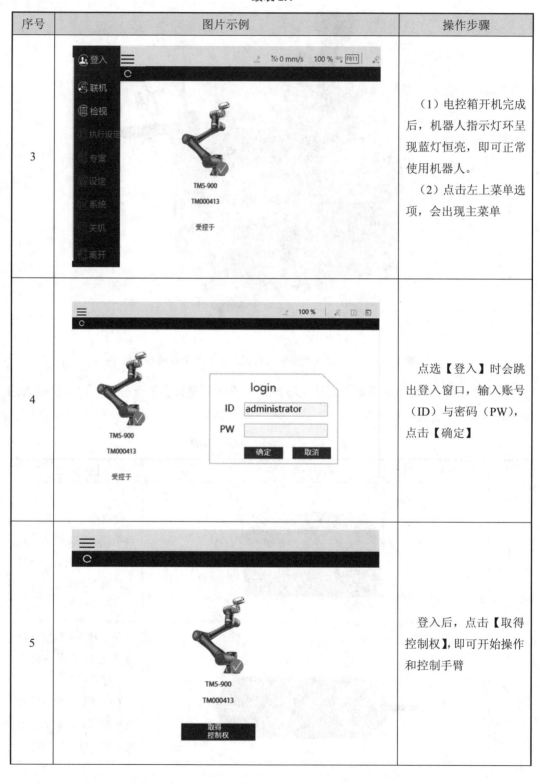	（1）电控箱开机完成后，机器人指示灯环呈现蓝灯恒亮，即可正常使用机器人。 （2）点击左上菜单选项，会出现主菜单
4		点选【登入】时会跳出登入窗口，输入账号（ID）与密码（PW），点击【确定】
5		登入后，点击【取得控制权】，即可开始操作和控制手臂

续表 2.4

序号	图片示例	操作步骤
6	注销　联机　检视　执行设定　专案　设定　系统　关机　离开　C　100 %　TM5-900　TM000413　释放 控制权	关机： 在左侧菜单栏中点击【关机】

第3章 机器人系统设置

3.1 TMflow 简介及安装

3.1.1 TMflow 简介

TMflow 是达明机器人专有的图形化人机接口，可为用户提供一个完整、方便与简单的机器人运动与逻辑程序设计环境。通过 TMflow，使用者可以简单地管理与设定机器手臂参数，并可以图形化流程的方式规划机器人的运动；此外，TMflow 还开发了许多不同的功能，让 TM 机器人在工业上的应用更广泛。TMflow 允许用 Windows 平板计算机或是 Windows 个人计算机，通过网络来管理多台手臂，使用起来非常方便。

3.1.2 TMflow 安装

TMflow 与 TM Robot 可通过 3 种方式连接：以屏幕、键盘、鼠标连接电控箱，直接开启 TMflow；另两种连接方法是在官方网站客户专区下载 TMflow Client 程序，安装在 Windows 计算机（如 Windows 笔记本计算机/Windows 平板）后，以无线或有线的方式连接。这里选取有线网络连接法进行介绍。

（1）使用客户端 TMflow 前，使用者必须从官方网站下载并解压缩 TMflow 的安装包，根据计算机系统选择相应的安装程序（32 位系统执行 setup.exe；64 位系统执行 setup64.exe），并根据安装引导进行操作，即可完成安装。

（2）将机器人与客户端设备连接到同一个网络交换机或同网段的交换机，或将网线两端分别连接至机器人电控箱及客户设备。

（3）将客户端设备的网络连接至上述局域网络。

（4）在客户端设备开启 TMflow，点击左上角重新整理的图标，等待联机画面出现对应的机器人编号。

（5）双击画面中机器人图片，即可与机器人进行联机。注意画面中将呈现所有在此网段下的机器人，使用者可由机器人的 Robot ID 来区分连接的机器人为哪台机器人。

（6）联机成功时，画面中机器人上会出现 图标且右上方出现机器人的图示。

（7）点选【取得控制权】，以获取机器人的控制权。

3.2　TMflow 主界面

机器人联机成功后,画面中会呈现同网段下已联机的机器人,并会在机器人上出现 ✅ 图标。图 3.1 所示为 TMflow 登录界面,此界面包含版本说明及手臂运行事件日志等信息。

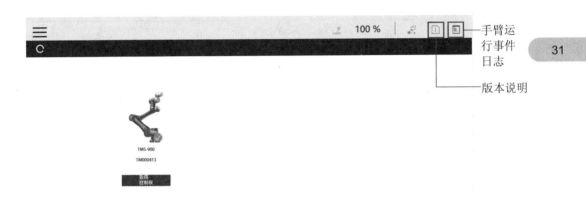

图 3.1　TMflow 登录界面

3.2.1　菜单栏

当取得手臂的控制权后,点击图 3.2 所示左上按钮,会出现有更多选项的主菜单。

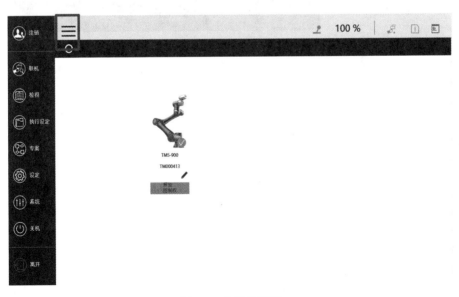

图 3.2　主菜单界面

主菜单选项的功能说明见表 3.1。

表 3.1　主菜单选项的功能说明

功能	说明
注销/登录	登录以开始使用机器人
联机	显示可联机的手臂列表
检视	项目执行时显示页面
执行设定	项目列表与选择执行项目
专案	建立或编辑项目
设定	手臂设定
系统	系统设定
关机	关闭机器人

3.2.2　检视

在主菜单中点击【检视】，即可进入检视界面。在检视界面可以监控项目执行与手臂的状态，如图 3.3 所示。

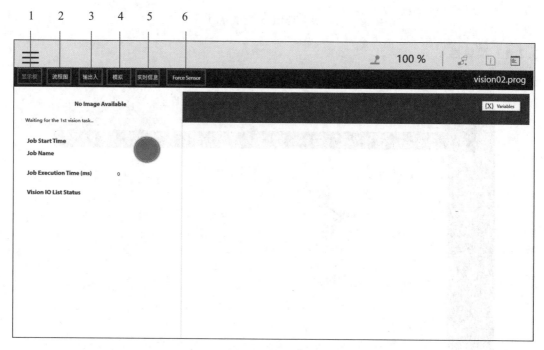

图 3.3　检视界面

图 3.3 中，由左至右分别为显示板 1、流程图 2、输出入 3、模拟 4、实时信息 5 及 Force Sensor 6 等选项，默认状态为"显示板"功能。检视的功能说明见表 3.2。

表 3.2　检视功能说明

功能	说明
显示板	在显示板中，用户可以监控项目执行的情况。画面左边为视觉任务的执行结果，而画面右边为执行状态的显示
流程图	在手动模式下项目运行时，会以当前处理节点为中心显示该流程。通过此页面用户可以方便地监控流程。在自动模式下，流程图不会显示
输出入	输出入页面供使用者对输入/输出状态的监控。在此页面中可针对数字与模拟输入进行状态监控，在项目运行时，因输出入功能被项目所控制，所以不能以手动进行变更
模拟	在模拟页面中，使用者可以监视当下的手臂姿态。 Ctrl 键加上鼠标右键：可以旋转 3D 模型。 Ctrl 键加上鼠标左键：可以放大或缩小 3D 模型。 Ctrl 键加上鼠标双键或中键：可以移动 3D 模型。 关节角度信息与机器人坐标系的 TCP 坐标状态，显示在右侧
实时消息	在实时信息页面中，可以监控控制器温度、电压、耗电量、电流、电控箱输入/输出电流，以及工具端输出入电流，且右上角会显示目前正在执行的项目或预设项目

3.2.3　系统

在系统设定中，可设定 TMflow 软件的相关参数，如图 3.4 所示。

图 3.4　系统设定界面

1. 语言

在语言设定界面可以设定系统显示的语言，如图 3.5 所示。

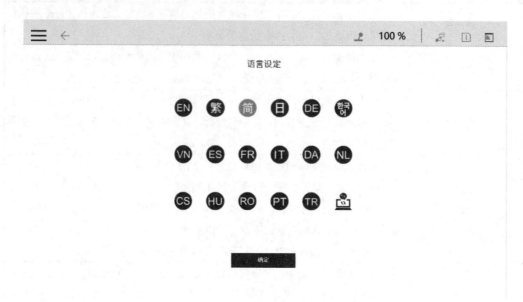

图 3.5　语言设定界面

2. 群组

在群组设定界面可以建立群组并设定管理权限，如图 3.6 所示。

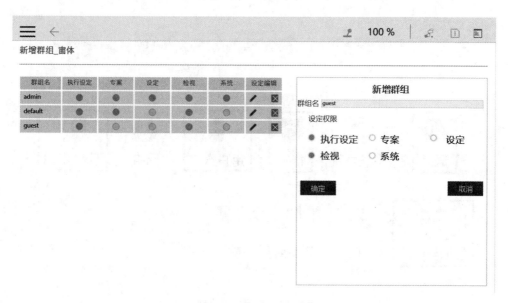

图 3.6　群组设定界面

3. 用户账户

在用户账户设定界面可以将使用者加入不同群组，来限制使用者的权限，如图 3.7 所示。

图 3.7　用户账户设定界面

4. 日期与时间

在日期时间设定界面可以设定及更改系统的日期与时间，或是选择所在的时区，如图 3.8 所示。

图 3.8　日期时间设定界面

5. 汇入/汇出

在汇入/汇出设定界面可以汇入 USB 中的数据项，或是将各种数据导出至 USB，如图 3.9 所示。

注意：USB 存储设备的名称需要改成 TMROBOT。

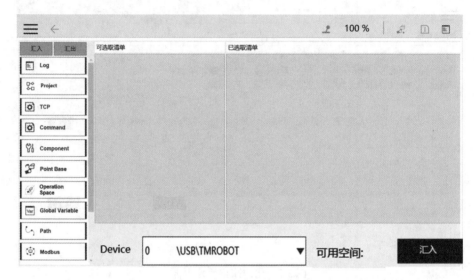

图 3.9　汇入/汇出设定界面

3.2.4　手臂设定

在手臂设定界面可进行手臂相关参数的设定，如图 3.10 所示。

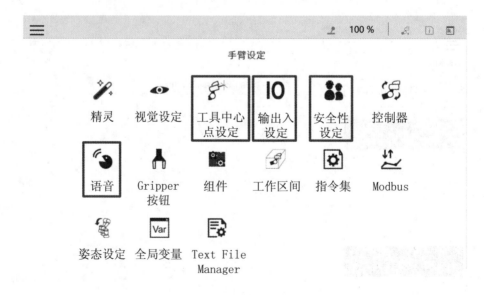

图 3.10　手臂设定界面

手臂设定的功能说明见表 3.3。

表 3.3　手臂设定的功能说明

功能	说明
工具中心点设定	在此设定中，使用者可以通过手拉教导或是自行输入参数来建立工具中心点（TCP）
输出入设定	在此设定中，可设定默认开机时输出信号的 High/Low 值。也可自定义输出入，通过自定义输出入所代表的意义，用户可以使用外部装置，通过接线方式到控制箱上的输出入孔来触发或读取控制器上的点击键。设定完成后点选右下角的【储存】按钮以保存设定
安全性设定	在此设定中，使用者可以设定安全停机条件以及安全防护埠。TM5 依照 ISO 10218-1 规范，TCP 受力限制在 150 N 以内。考虑安全因素，使用者可以限制手拉教导的移动速度。但如果要改变上限值，应评估必要性及安全性，并增加必要的防护措施
语音设定	在此设定中，用户可对播放语音进行设定，包括是否播放蜂鸣器、语音功能与错误信息、设定播放语言、速度与音量。若要使用语音播放功能，则需连接喇叭于控制箱上

3.2.5　执行设定

在执行设定界面可看到所有可执行的项目，如图 3.11 所示。项目文件上的图示说明如下：

Current：此项目为目前执行的项目。

Tested：此项目可在自动模式下执行。

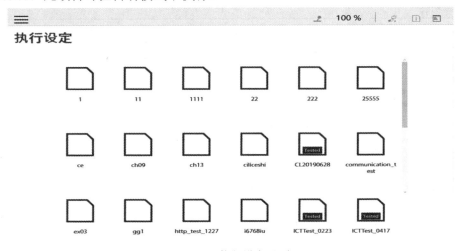

图 3.11　执行设定界面

使用者可在此页面中选择要执行的项目，再到检视页面以自动模式执行项目。如果项目要在自动模式下执行，必须在手动模式下先执行，调整完速度后，再切换成自动模式运行项目，以确保执行时的安全性。

3.2.6 专案

点击主菜单的【专案】按钮，可以进入专案（即项目）编辑界面，如图 3.12 所示。

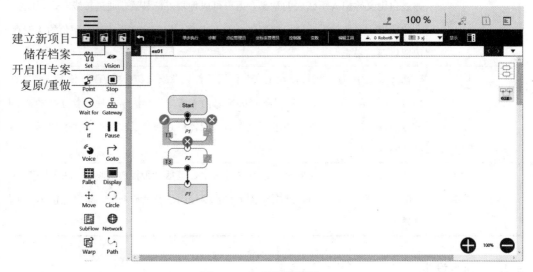

图 3.12　专案编辑界面

专案编辑界面的上方为工具栏，由左至右的前 5 个工具按钮，分别是【建立新项目】【储存档案】【开启旧专案】【复原】及【重做】按钮。专案编辑界面的功能说明见表 3.4。

表 3.4　专案编辑界面的功能说明

编辑功能	说明
建立新项目	点击【建立新项目】工具按钮，即可建立一个新项目。可以给新项目取一个项目名称，项目名称仅能使用英文字符、数字及下划线。项目名称最多可以使用 100 个字符
储存档案	点击【储存档案】工具按钮，即可储存项目。若在储存项目时另给一个项目名称，等同于【另存新文件】的功能
开启旧专案	点击【开启旧专案】工具按钮，即可开启旧项目。开启时，可依字母或时间进行项目的排序。通过该工具按钮除了可开启旧项目外，也可删除项目，但开启中的项目无法删除，且项目删除后无法复原
复原/重做	在进行项目编辑时，使用者可复原/重做任何文字编辑、节点新增、节点删除，但最多能复原/重做 5 个动作

第4章 开始项目

4.1 简介

在本章中，将介绍如何建立及运行您的第一个项目，在开始建立项目之前，要展开一系列的准备工作。首先，第一次连接 TM 机器人时，点选主选菜单的【设定/精灵】按钮，完成下列设定：

➢ 设定手臂。

➢ 选择系统语言。

➢ 设定系统时间。

➢ 设定网络。

➢ 设定语音。

完成设定后，请确认机器人此时的运行模式。

如图 4.1 所示，若机器人控制棒的 Auto 灯亮，表示处于自动模式；若 Manual 灯亮，表示处于手动模式。自动模式下点击机器人控制棒的 M/A 切换键，即可切换至手动模式。

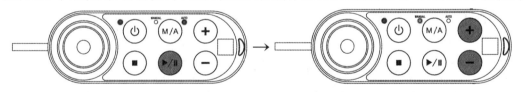

图 4.1　自动模式与手动模式

进入手动模式后，机器人的末端模块指示灯会由蓝色转为绿色，如图 4.2 所示。

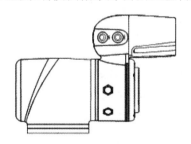

图 4.2　末端模块指示灯：自动模式与手动模式

在手动模式下，按下机器人末端模块的【FREE】按钮，即可手拉移动机器人。

注意：手拉机器人只限于手动模式。

4.2 项目管理

项目管理功能主要通过【专案】按钮实现，详见 3.2.6 节。

4.2.1 建立新项目

点击【建立新项目】工具按钮，即可建立一个新项目，如图 4.3 所示。

图 4.3　建立新项目

4.2.2 储存档案

点击【储存档案】工具按钮，可储存项目，如图 4.4 所示。

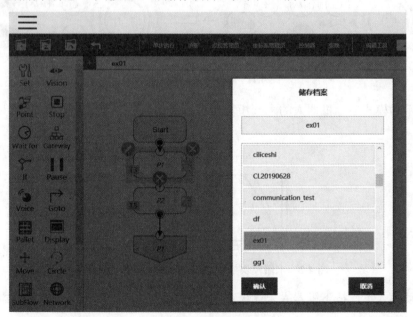

图 4.4　储存档案

4.2.3　开启旧专案

点击【开启旧专案】工具按钮，即可开启旧项目，如图 4.5 所示。

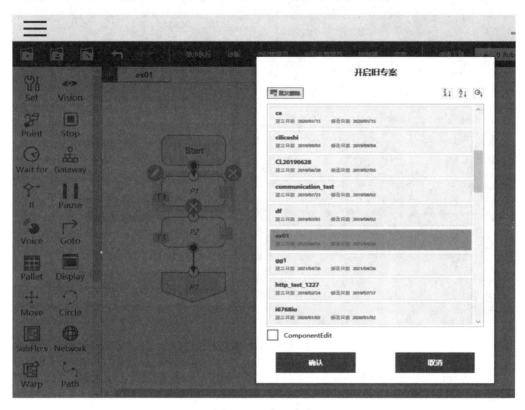

图 4.5　开启旧专案

4.2.4　复原/重做

在进行项目编辑时，可复原/重做任何文字编辑、节点新增、节点删除，但最多能复原/重做 5 个动作。

4.3　节点

在项目编辑界面的左边，可看到许多节点工具。项目由一连串的节点组成，只要选择 TMflow 左侧的节点，将其拖拉至编辑界面，即可加入节点。

Goto 节点为跳跃节点，该节点的编辑界面如图 4.6 所示。

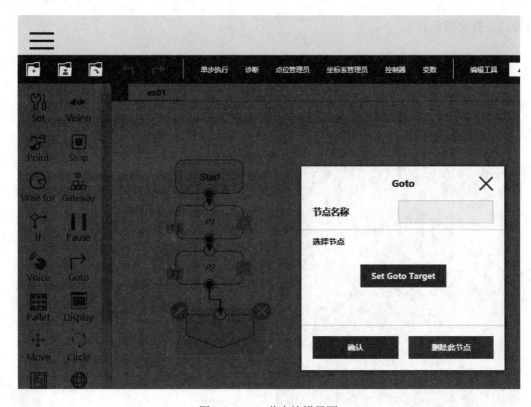

图 4.6　Goto 节点编辑界面

　　点击【Set Goto Target】，可选择跳跃的目标节点。如图 4.7 所示，为选择 P1 点位为目标节点后的画面，两个节点间会以流程线标示。

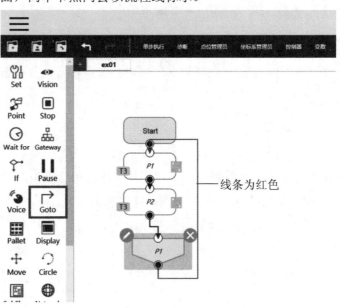

图 4.7　跳跃的目标节点用红色流程线标示

4.4　机器人手拉教导

4.4.1　实验目的

练习以手拉教导方式，建立 2 个点位 P1 及 P2，并让机器人在 P1 及 P2 间来回运行。学习如何进行手动模式及自动模式的切换。

4.4.2　实验步骤

机器人手拉教导实验的操作步骤见表 4.1。

表 4.1　机器人手拉教导实验的操作步骤

序号	图片示例	操作步骤
1	建立新项目 test ☐ Component编辑 确认　　　　取消	建立新项目
2	☰ 单步执行　诊断　点位管理员　坐标系管理员　控制 + ex01 Set　Vision Point　Stop Wait for　Gateway If　Pause Start	新项目的界面会有一个 Start 节点

续表 4.1

序号	图片示例	操作步骤
3	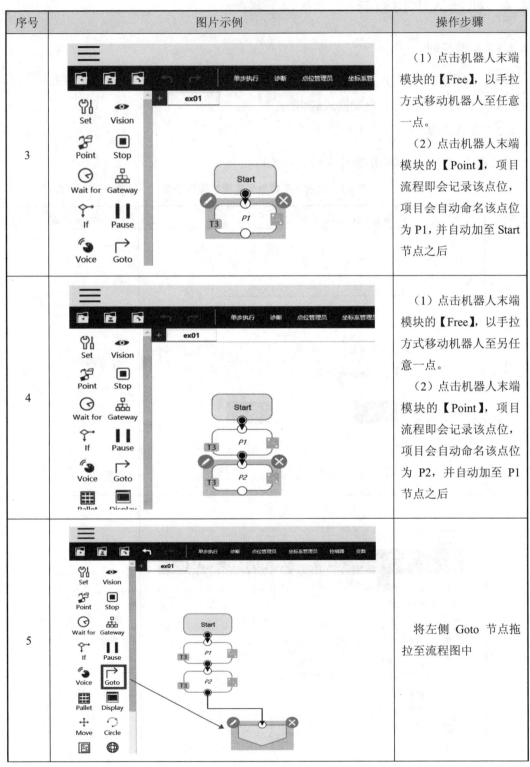	（1）点击机器人末端模块的【Free】，以手拉方式移动机器人至任意一点。 （2）点击机器人末端模块的【Point】，项目流程即会记录该点位，项目会自动命名该点位为 P1，并自动加至 Start 节点之后
4		（1）点击机器人末端模块的【Free】，以手拉方式移动机器人至另任意一点。 （2）点击机器人末端模块的【Point】，项目流程即会记录该点位，项目会自动命名该点位为 P2，并自动加至 P1 节点之后
5		将左侧 Goto 节点拖拉至流程图中

续表 4.1

序号	图片示例	操作步骤
6	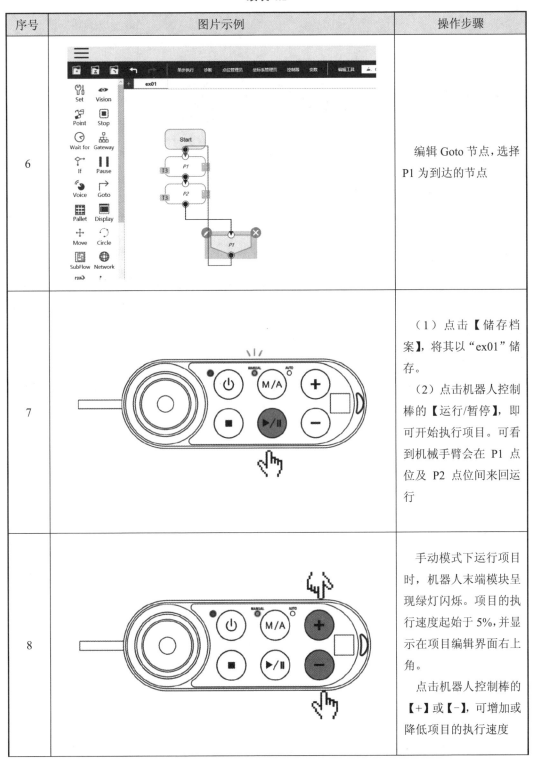	编辑 Goto 节点，选择 P1 为到达的节点
7		（1）点击【储存档案】，将其以 "ex01" 储存。 （2）点击机器人控制棒的【运行/暂停】，即可开始执行项目。可看到机械手臂会在 P1 点位及 P2 点位间来回运行
8		手动模式下运行项目时，机器人末端模块呈现绿灯闪烁。项目的执行速度起始于 5%，并显示在项目编辑界面右上角。 点击机器人控制棒的【+】或【-】，可增加或降低项目的执行速度

续表 4.1

序号	图片示例	操作步骤
9	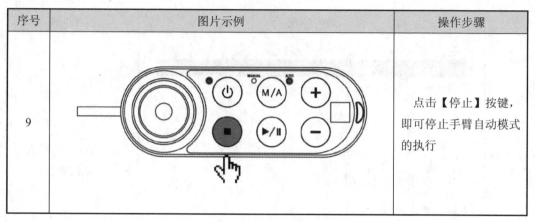	点击【停止】按键，即可停止手臂自动模式的执行

欲从手动模式切换到自动模式时，在调整项目的执行速度后，可以长按【M/A】切换按钮，以保存项目速度。点击机器人控制棒的【停止】按钮，停止项目运行。点选主菜单的执行设定或是检视，再按住【M/A】模式切换键几秒钟，一旦机器人控制棒上的模式指示灯开始闪烁，按以下顺序点击机器人控制棒的【+】【-】键：【+】【-】【+】【+】【-】，即可将其切换回自动模式。

注意：正常开机后自动模式下点击【运行/暂停】，即可让机器人在自动模式下运行，且会保持之前所设置的项目速度运行。

4.5 关机

机器人关机的方法有两种：

（1）在 TMflow 界面点击主菜单的【关机】，出现如图 4.8 所示警告窗口后，点击【确定】即可正常关机。

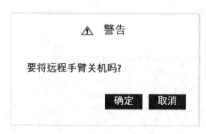

图 4.8 警告窗口

（2）长按机器人控制棒的电源键，当听到"哔哔"声后，松开电源键，机器人即会关机，此时可看到控制棒的电源指示灯呈现红灯闪烁，如图 4.9 所示。

图 4.9 关机

4.6 注意

禁止以下列方式进行机器人的关机：

➢ 直接拔电源插头。

➢ 直接松开电控箱电源线。

➢ 直接松开机器人本体的电源。

第5章 逻辑编程

5.1 简介

本章介绍 TMflow 编程常用到的逻辑节点，并说明这些节点的特征及使用方法。使用逻辑节点，可以让机器人"理解"指示及命令并"判断"接下来要做的运动。

5.2 变量系统

进行逻辑编程时，最重要的是变量的应用。TMflow 中的变量分为全局变量及局部变量两大类。

5.2.1 全局变量

全局变量可以在不同项目中使用，即不同的项目皆可以存取全局变量的值。要设定全局变量，可通过点击主菜单的【设定/全局变量】进入全局变量的设定界面，如图 5.1 所示。在此界面中可设定变量（即图中"变数"）或是数组。

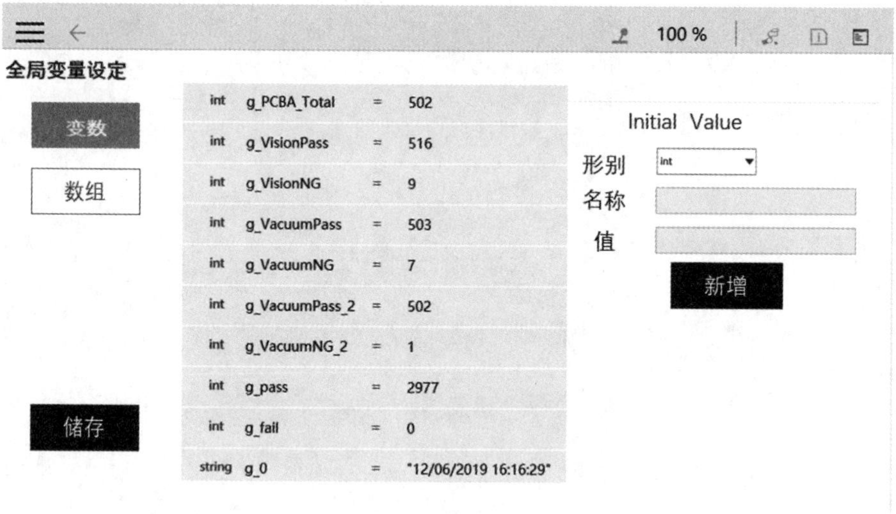

图 5.1 全局变量的设定界面

5.2.2 局部变量

局部变量只可以在单一项目中使用，其有效范围只在项目内部。局部变量在项目关闭后，若再重新开启，会恢复至初始值。建立局部变量的操作步骤见表 5.1。

表 5.1 建立局部变量的操作步骤

序号	图片示例	操作步骤
1		在项目的编辑界面中，点击工具栏的【变数】，即可开启局部变数的设定页面，可新增变数或新增数组
2		点击【新增变数】，可设定变量的形别、名称及值
3		点击【确认】后，即可新增一个变量，TMflow 会自动在变量名称前加"var_"

5.3　逻辑节点

5.3.1　Set 节点

通过 Set 节点可设置 IO 或变量数值。在变量的应用中，Set 节点可将变量进行加减，常搭配 If 节点进行路径的选择。Set 节点如图 5.2 所示。

图 5.2　Set 节点

5.3.2　If 节点

If 节点可判断数位信号值、变量值、模拟量以及停止条件是否满足设定值，并根据判断结果，执行 Yes 路径或执行 No 路径。If 节点如图 5.3 所示。

图 5.3　If 节点

5.3.3　Pause 节点

通过 Pause 可暂停流程的执行。当流程走到 Pause 节点时会暂停，手臂末端 LED 灯会闪烁，当使用者点击机器人控制棒的【运行/暂停】时，流程即可继续执行。

5.3.4　Display 节点

通过使用者指定格式的 Display 节点，将指定的变量或字符串显示在检视页面上，可用于显示变量的状态、机器人的参数或运行的结果等。Display 节点编辑界面如图 5.4 所示。

图 5.4　Display 节点编辑界面

在图 5.4 中，可在"标题"栏输入想要显示的文字，要注意的是，文字需加上英文双引号，如""cnt""。"内文"栏可填入变量名称，当项目执行时在检视界面会显示该变量的值。

5.3.5　SubFlow 节点

当流程的节点越来越多时，项目的某些流程可能会重复使用，可将这些流程建成 SubFlow 节点，以模块化的概念简化项目的流程，并可提高流程的可读性。

在流程中加入 SubFlow 节点时，若当前项目不存在任意 SubFlow 页面，则会自动新增一个页面，若当前存在 SubFlow 页面，则会询问是否创造新的页面，如图 5.5 所示。

➢ 【新增副流程图页面】：新增一个子程序分页。

➢ 【取消】：得到空白子程序。

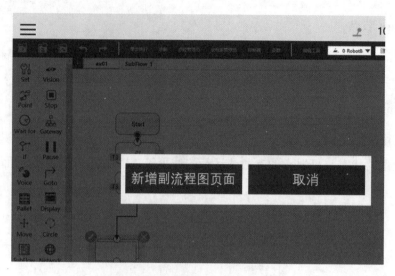

图 5.5　在流程中加入 SubFlow 节点

此外，亦可点击项目编辑页面左上方的【+】按钮，新增 SubFlow 页面，通过 SubFlow 节点的编辑，使之对应到该 SubFlow 页面；若需要删除此页面，则可于该页面中编辑 Start 节点进行删除，如图 5.6 所示。

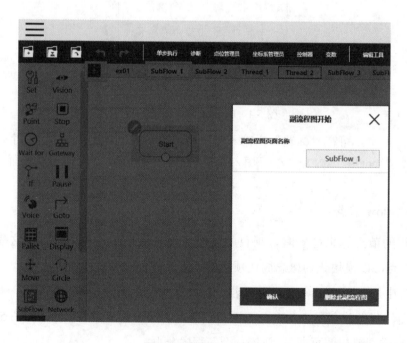

图 5.6　编辑 Start 节点

5.4 编辑工具

点击【编辑工具】，如图 5.7 所示，使用者可选取多个节点进行节点的拖放，或是进行复制及粘贴。但复制及粘贴的功能只能在同一项目下执行，无法跨项目复制和粘贴。

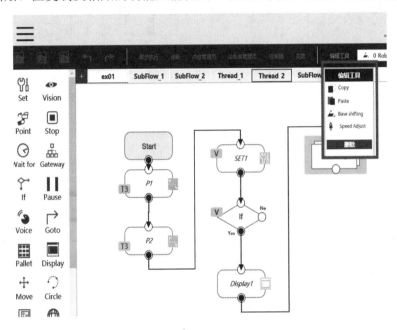

图 5.7 编辑工具

节点复制与粘贴的操作步骤见表 5.2。

表 5.2 节点复制与粘贴的操作步骤

序号	图片示例	操作步骤
1	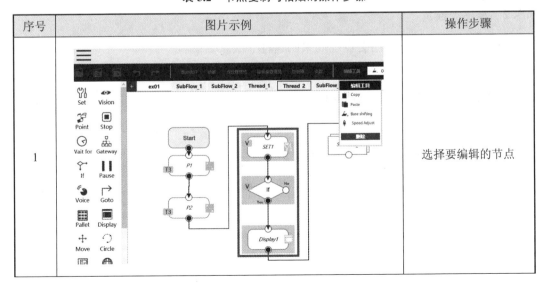	选择要编辑的节点

续表 5.2

序号	图片示例	操作步骤
2	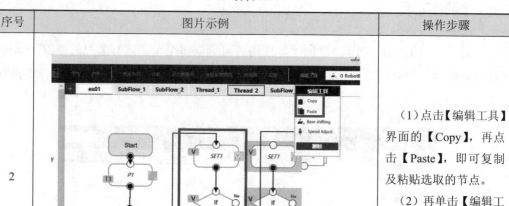	（1）点击【编辑工具】界面的【Copy】，再点击【Paste】，即可复制及粘贴选取的节点。 （2）再单击【编辑工具】，即可回到项目编辑流程的界面

5.5 逻辑编程

5.5.1 实验目的

练习逻辑节点的运用。

5.5.2 程序流程

（1）让机器人在 P1 及 P2 点位间来回运行 5 次。

（2）运行 5 次后，项目暂停执行，使用者点击机器人控制棒的【运行/暂停】按钮后，即可再次让手臂在 P1 及 P2 点位间运行 5 次。

5.5.3 实验步骤

逻辑编程实验的操作步骤见表 5.3。

表 5.3　逻辑编程实验的操作步骤

序号	图片示例	操作步骤
1		（1）建立新项目，项目名称为"ex02"。 （2）建立 P1 及 P2 点位
2		新增局部变量：var_cnt，并设定初始值为 0
3		加入 Set 节点

续表 5.3

序号	图片示例	操作步骤
4	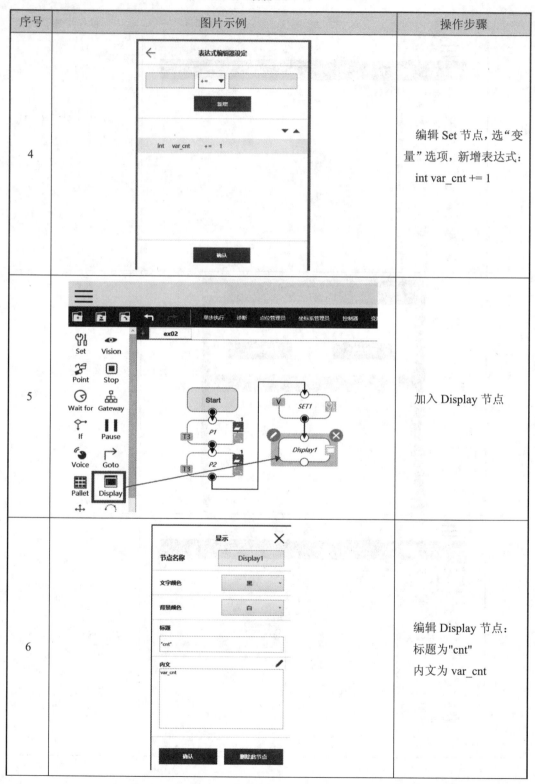	编辑 Set 节点，选"变量"选项，新增表达式：int var_cnt += 1
5		加入 Display 节点
6		编辑 Display 节点：标题为"cnt"内文为 var_cnt

续表 5.3

序号	图片示例	操作步骤
7	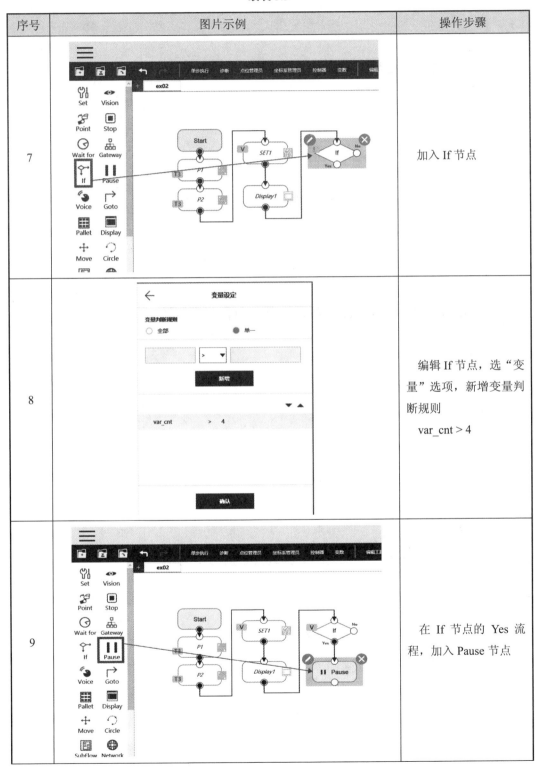	加入 If 节点
8		编辑 If 节点，选"变量"选项，新增变量判断规则 var_cnt > 4
9		在 If 节点的 Yes 流程，加入 Pause 节点

57

续表 5.3

序号	图片示例	操作步骤
10	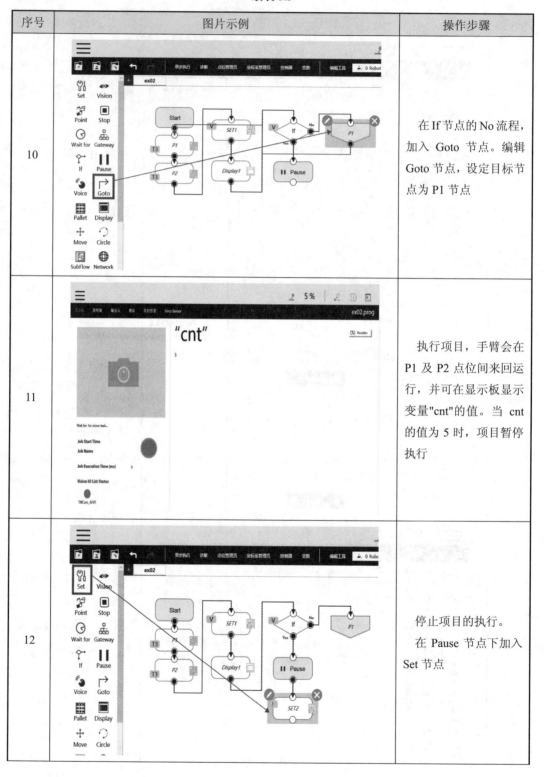	在 If 节点的 No 流程，加入 Goto 节点。编辑 Goto 节点，设定目标节点为 P1 节点
11		执行项目，手臂会在 P1 及 P2 点位间来回运行，并可在显示板显示变量"cnt"的值。当 cnt 的值为 5 时，项目暂停执行
12		停止项目的执行。 在 Pause 节点下加入 Set 节点

58

续表 5.3

序号	图片示例	操作步骤
13	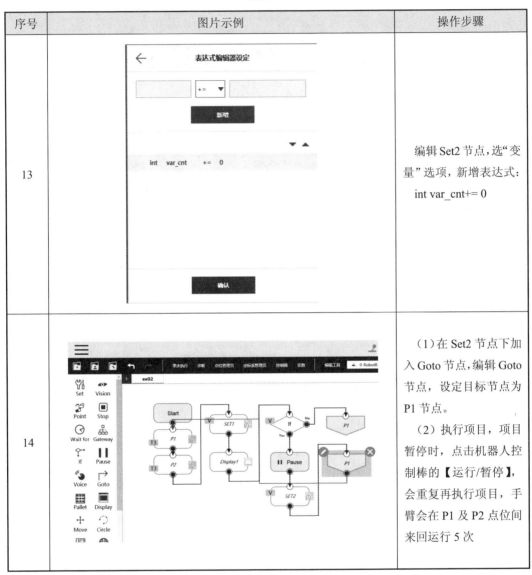	编辑 Set2 节点,选"变量"选项,新增表达式:int var_cnt+= 0
14		(1)在 Set2 节点下加入 Goto 节点,编辑 Goto 节点,设定目标节点为 P1 节点。 (2)执行项目,项目暂停时,点击机器人控制棒的【运行/暂停】,会重复再执行项目,手臂会在 P1 及 P2 点位间来回运行 5 次

第6章　点位与坐标系

6.1　简介

在空间中画出三条线性无关的直线并选定单位长和方向性，即可建立一个新的坐标系。如图 6.1 所示，空间中的任一点 P，在三维空间中的投影（a，b，c）即为点 P 在此坐标系的位置。

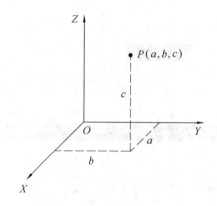

图 6.1　坐标系

若要描述空间中一个点位的姿态，除了 X、Y、Z 坐标外，还需要定义此点在 X、Y、Z 方向的旋转角度 R_X、R_Y、R_Z，如图 6.2 所示。

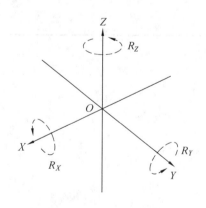

图 6.2　描述空间中一个点位的姿态

6.2　机器人的坐标系

机器人的坐标系是定义机器人在三维空间中相对应的位置与姿态的系统。达明机器人有 4 种坐标系：

> 机器人坐标系（又称世界坐标系）。

> 视觉坐标系。

> 使用者自定义坐标系。

> 工具坐标系。

6.2.1　右手定则

右手定则可决定三维坐标系的方向。右手定则如图 6.3 所示。

> 大拇指：代表坐标系的 X 轴。

> 食指：代表坐标系的 Y 轴。

> 中指：代表坐标系的 Z 轴。

在右手定则中，三指互相垂直，而若弯曲手指，手指所指示方向即为该坐标轴的正旋转方向。

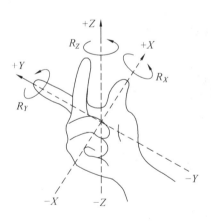

图 6.3　右手定则

6.2.2　世界坐标系

世界坐标系定义为机器人的基座。当机器人运行时，无论如何改变位置及姿态，坐标初始点的方向及位置均不变。

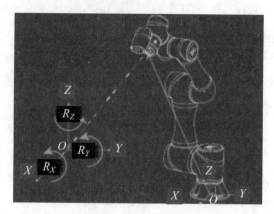

图 6.4　机器人坐标系

6.2.3　视觉坐标系

机器人通过视觉可以简单地建立与工作平面平行的坐标系，让使用者可以在倾斜的平面上完成装配、加工等相关应用，也可以利用视觉坐标系让机器人在空间中定位。视觉坐标系可区分为伺服式定位及定点式定位，见表6.1。

表 6.1　视觉坐标系

序号	视觉坐标系	说明
1		伺服式定位：利用算法逼近物体，所以坐标系建立在相机上
2		定点式定位：定点式定位影像坐标和机器人坐标关系为已知，以绝对的坐标计算来定位物体，所以坐标系建立在物体上

6.2.4　使用者自定义坐标系

使用者自定义坐标系供使用者自行建立运动节点的参考坐标系。用户可利用手臂末端的【Free】按钮来移动手臂，运行到坐标的原点、X 轴与 X-Y 平面上的任一点来建立使用者自定义坐标系。

6.2.5　工具坐标系

工具坐标系用来定义机器人工具中心点的位置及方向。使用前必须先定义工具中心点，若没有定义，则将以法兰中心点作为该坐标系的零点。使用工具坐标系的优点是：在相同项目下，若工具磨损或更换工具，只需要重新定义工具坐标系，不用重新编写程序。工具坐标系示意图如图 6.5 所示。

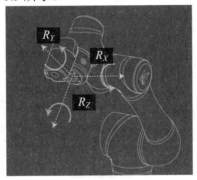

图 6.5　工具坐标系示意图

6.3　坐标系管理员

点击项目编辑界面的【坐标系管理员】，可看到项目内已建立过的坐标系。其中，机器人坐标系（RobotBase）为预设坐标系，若不是 RobotBase 坐标系，旁边会有标记，如 vision_ch09，表示视觉坐标系，如图 6.6 所示。

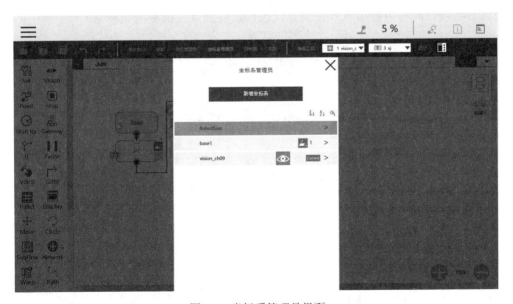

图 6.6　坐标系管理员界面

点击想查看的坐标系，如"vision_ch09"，即可看到该坐标系的信息，如图 6.7 所示。

图 6.7　坐标系信息界面

6.4　点位管理员

TM5 机器人的点位参数，除了定义每一个点位的位置和方向外，也会记录该点位的坐标系及所套用的工具。若套用工具为 T0，则表示为 No Tool。

点击项目编辑界面的【点位管理员】，可检视机器人的点位信息，如图 6.8 所示，由图中可看到项目流程中的所有点位信息，也可以看到点位的参考坐标系。

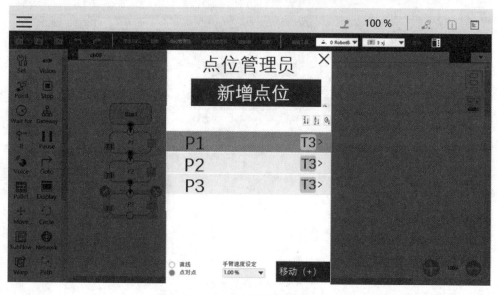

图 6.8　点位管理员界面

点击图 6.8 的 P1 点位，即可以编辑 P1 点位，编辑 P1 点位的界面如图 6.9 所示。

图 6.9　编辑 P1 点位的界面

➢ 【将目前的姿态写入本点位】：将该位置写入本点位，会将之前点位数据删除并重新记录。

➢ 【重新记录在其它坐标系】：将点位重新建立于其他坐标系。

6.5　控制器

控制器的操作步骤说明见表 6.2。

表 6.2　控制器的操作步骤说明

序号	图片示例	操作步骤
1		点击项目编辑界面的【控制器】，进入控制器设定界面，可在此界面调整手臂的点位位置

续表 6.2

序号	图片示例	操作步骤
2		默认为"关节"标签，在此可控制手臂各关节的角度。点击"坐标系"标签，可控制手臂在机器人坐标系的 X、Y、Z、R_X、R_Y、R_Z 各方向的运动
3		切换至"工具"标签，可控制手臂在工具坐标系的 X、Y、Z、R_X、R_Y、R_Z 各方向的运动
4		切换至"输出入"标签，可设定机器人输出入点的高低电位

续表 6.2

序号	图片示例	操作步骤
5	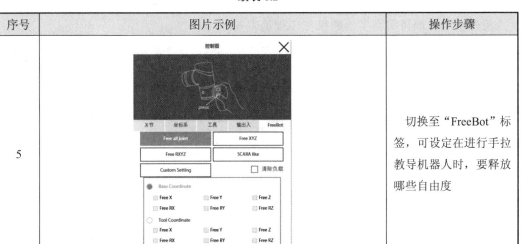	切换至"FreeBot"标签，可设定在进行手拉教导机器人时，要释放哪些自由度

"FreeBot"标签各选项说明见表 6.3。

表 6.3　"FreeBot"标签各选项说明

序号	选项	说明
1	Free all joint	6 个自由度，随意自由拖拉扭转手臂
2	Free XYZ	3 个自由度，末端只能做 X、Y、Z 向移动
3	Free RXYZ	3 个自由度，末端只能做旋转姿态的变换
4	SCARA like	4 个自由度（X，Y，Z，R_Z），与 SCARA 机器人运动相同
5	Custom Setting	使用者自行选择自由度设定后，点击【Set】以完成自由度的设定

6.6　机器人取放项目实训

6.6.1　实验目的

练习机器人的取放及控制器使用技巧。

6.6.2　程序流程

➢ 将物件摆放在定点上。

➢ 控制手臂夹取物件，上移 10 cm。

➢ 等待 3 s 后，手臂下移 10 cm，回到物件原摆放的位置。

➢ 手臂放开夹取的物件，上移 10 cm。

➢ 暂停项目的执行。

6.6.3 实验步骤

机器人取放项目实训实验的操作步骤见表 6.4。

表 6.4 机器人取放项目实训实验的操作步骤

序号	图片示例	操作步骤
1	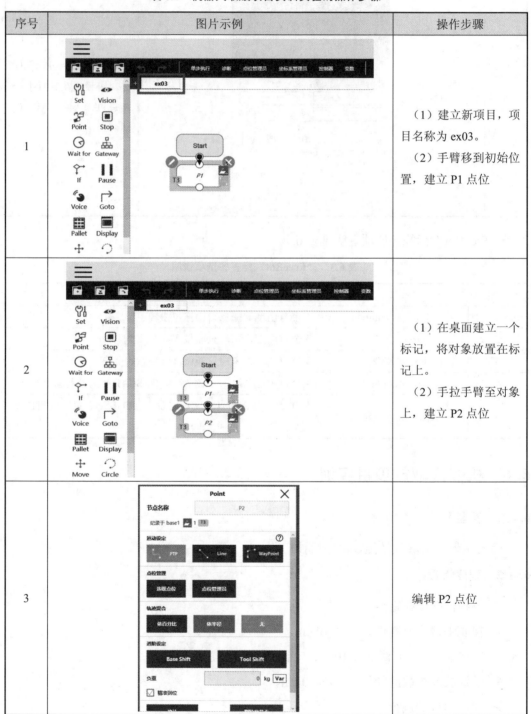	（1）建立新项目，项目名称为 ex03。 （2）手臂移到初始位置，建立 P1 点位
2		（1）在桌面建立一个标记，将对象放置在标记上。 （2）手拉手臂至对象上，建立 P2 点位
3		编辑 P2 点位

续表 6.4

序号	图片示例	操作步骤
4		选【点位管理员】
5		选【控制器】，再点击"坐标系"标签
6		（1）微调手臂位置，让手臂的夹爪位置刚好可以在闭合时夹住对象。 （2）离开控制器的位置编辑。 （3）选【将目前的姿态写入本点位】

续表 6.4

序号	图片示例	操作步骤
7	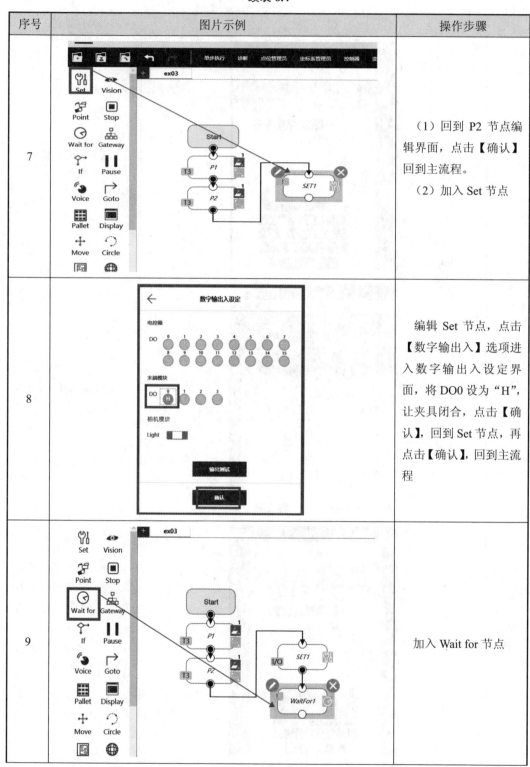	（1）回到 P2 节点编辑界面，点击【确认】回到主流程。 （2）加入 Set 节点
8		编辑 Set 节点，点击【数字输出入】选项进入数字输出入设定界面，将 DO0 设为"H"，让夹具闭合，点击【确认】，回到 Set 节点，再点击【确认】，回到主流程
9		加入 Wait for 节点

续表 6.4

序号	图片示例	操作步骤
10	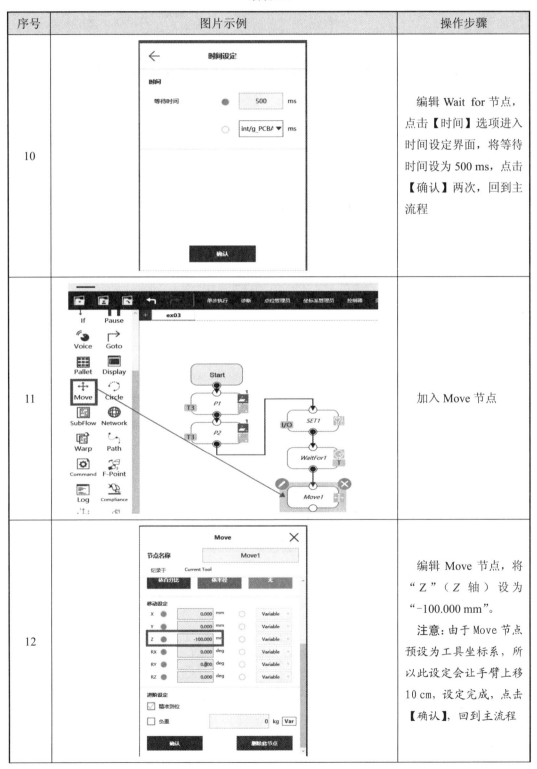	编辑 Wait for 节点，点击【时间】选项进入时间设定界面，将等待时间设为 500 ms，点击【确认】两次，回到主流程
11		加入 Move 节点
12		编辑 Move 节点，将"Z"（Z 轴）设为"-100.000 mm"。注意：由于 Move 节点预设为工具坐标系，所以此设定会让手臂上移 10 cm，设定完成，点击【确认】，回到主流程

续表 6.4

序号	图片示例	操作步骤
13	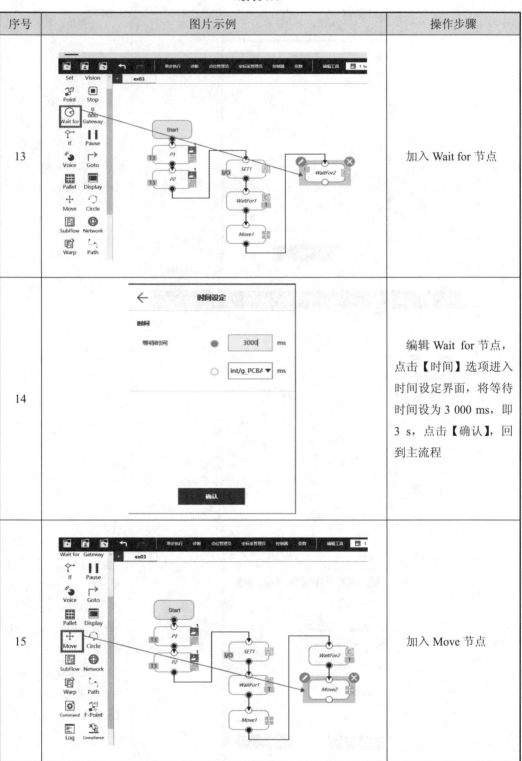	加入 Wait for 节点
14		编辑 Wait for 节点，点击【时间】选项进入时间设定界面，将等待时间设为 3 000 ms，即 3 s，点击【确认】，回到主流程
15		加入 Move 节点

续表 6.4

序号	图片示例	操作步骤
16		编辑 Move 节点,将"Z"（Z 轴）设为"100 .000 mm"。注意:由于 Move 节点预设为工具坐标系,所以此设定会让手臂下移 10 cm,点击【确认】,回到主流程
17		加入 Set 节点
18		编辑 Set 节点,选【数字输出入】进入数字输出入设定界面,将 DO0 设为"L",让夹具松开,点击【确认】,回到 Set 节点,再点击【确认】,回到主流程

续表 6.4

序号	图片示例	操作步骤
19	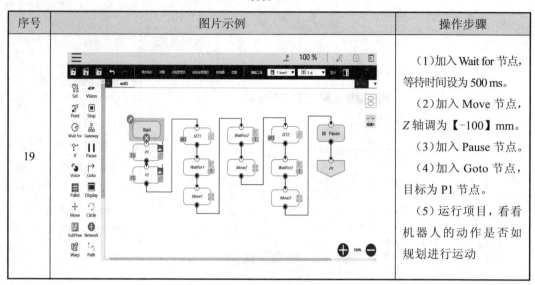	（1）加入 Wait for 节点，等待时间设为 500 ms。 （2）加入 Move 节点，Z 轴调为【-100】mm。 （3）加入 Pause 节点。 （4）加入 Goto 节点，目标为 P1 节点。 （5）运行项目，看看机器人的动作是否如规划进行运动

第7章　运动编程

7.1　运动模式

在编辑机器人的 Point 节点时，除了可以设定机器人的位置外，也可以设定机器人的运动模式，如图 7.1 所示。有三种运动模式可以设定：PTP、Line 及 WayPoint。

图 7.1　运动设定

7.1.1　PTP 运动模式

PTP（Point to Point）指的是点到点的运动模式，将两点之间的路径规划交给手臂，较不容易经过减速区或奇异点。若没有限定手臂动作路径，建议选择 PTP 运动模式。

如图 7.2 所示，在 PTP 运动设定中，设定手臂运动的速度及加速至最高速度的时间，也可以勾选"智慧选择手臂姿态"，让手臂自行运算移动到此点位的最佳姿态，并以最短距离移动至该点。

图 7.2　点对点运动设定

7.1.2　Line 运动模式

Line 运动模式指定两点之间的路径规划为直线，较易经过减速区或奇异点。采用 Line 运动模式，应尽量避免接近奇异点，或是在短距离下做大角度的姿态移动。

在 Line 运动模式的设定界面可设定速度百分比或绝对速度。绝对速度的范围为 0～4 500 mm/s，有效时间的范围为 1 500～9 999 ms，若勾选"与项目速度连动"，则运动速度会与项目速度一致。

7.1.3　WayPoint 运动模式

WayPoint 运动模式是一种避障模式，保留一部分的 Z 向位移，等 X、Y 向对准后才移动 Z 向位移，此运动模式常用于对象的取放应用中。

WayPoint 是一种两段式运动模式，如图 7.3 所示。

➤ 第一段运动：可选择 PTP 运动模式或是 Line 运动模式。

➤ 第二段运动：Z 轴直线运动。

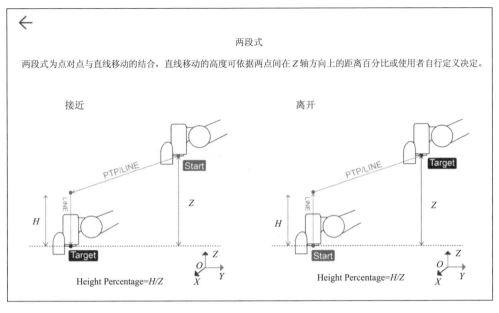

图 7.3　两段式运动模式

WayPoint 的设定界面如图 7.4 所示，可以设定高度百分比为

$$高度百分比 = H/Z \times 100\%$$

式中，Z 为目标点的 Z 向位移；H 为保留的 Z 向位移。

图 7.4 中也可设定第一段的运动模式，采用 PTP（点对点）或者 Line（直线）运动模式。

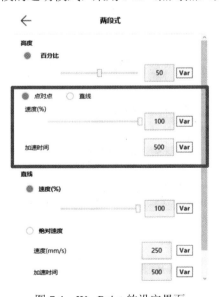

图 7.4　WayPoint 的设定界面

7.1.4 运动模式指示

运动模式的类型会显示在 Point 节点的右边，如图 7.5 所示。

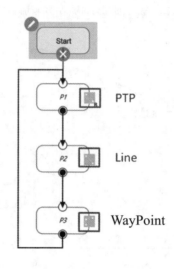

图 7.5 运动模式指示

7.2 轨迹混合

在编辑 Point 节点时，除了可以设定运动模式之外，还可以进一步设定轨迹混合，如图 7.6 所示，预设为【无】，表示没有开启此功能。

图 7.6 轨迹混合

"轨迹混合"开启时，手臂走到下一点之前就会直接滑过，向下一点移动，如图 7.7 所示。

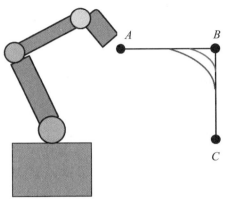

图 7.7　轨迹混合示意图

在图 7.7 中，手臂不会走到 B 点，因此不必减速太多，可以节省手臂运动的加减速时间。但如果该点是抓取点或是具有一定精度要求的点，则不建议使用轨迹混合。轨迹混合一般是用在无精度要求的点，或用在纯粹避开障碍物时。

7.3　Pallet 节点

Pallet 节点可通过设定三点位坐标及设定行列数值，让手臂进行矩阵移动。此种运动方式适用于规则性的陈列应用，如栈板的摆放应用及料盘的陈列。Pallet 节点设定界面如图 7.8 所示。

图 7.8　Pallet 节点设定界面

7.3.1 放置模式

Pallet 节点有两种走法：

➢ 头到尾走法。

➢ 弓字形走法。

7.3.2 教导三点以创造栈板放置组态

教导三点，输入行列数，即可建立 Pallet 节点，让手臂知道整个 Pallet 的大小，并可进行矩阵运动。教导三点的点位如图 7.9 所示。

➢ 第 1 点：第一行的起点。

➢ 第 2 点：第一行的终点。

➢ 第 3 点：最后一行的终点。

图 7.9　教导三点的点位

7.3.3 列数与行数

先决定 Row（列数），再决定 Column（行数）。下面以图 7.9 为例。

➢ 列数：3。

➢ 行数：5。

设定完成，手臂可根据前面定义的三点及行数、列数，自动计算出每一格的移动量后依次走到每一格，共 15 格。

7.4 Pallet 矩阵移动

7.4.1 实验目的

➢ 练习 SubFlow 节点的用法。

➢ 练习 Pallet 节点的用法。

7.4.2 程序流程

➢ 假设栈板为 3 列 3 行，共 9 个方格。

➢ 以 SubFlow 建立手臂夹具的闭合与打开。

➢ 物件摆放在固定的点。

➢ 手臂会抓取对象，依序摆放至栈板的每一格。

7.4.3 实验步骤

Pallet 矩阵移动实验的操作步骤见表 7.1。

表 7.1　Pallet 矩阵移动实验的操作步骤

序号	图片示例	操作步骤
1	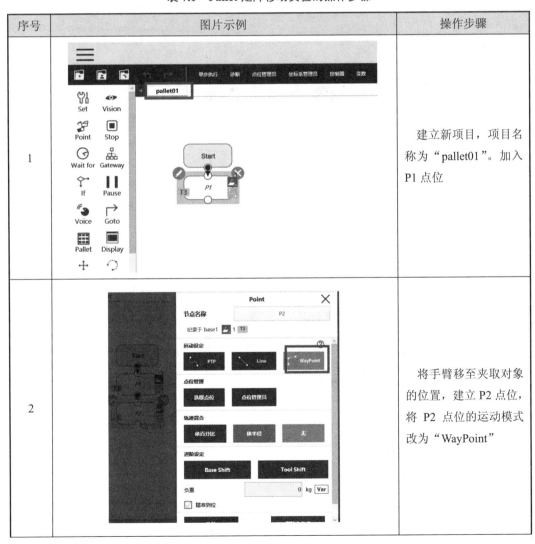	建立新项目，项目名称为"pallet01"。加入 P1 点位
2		将手臂移至夹取对象的位置，建立 P2 点位，将 P2 点位的运动模式改为"WayPoint"

81

续表 7.1

序号	图片示例	操作步骤
3	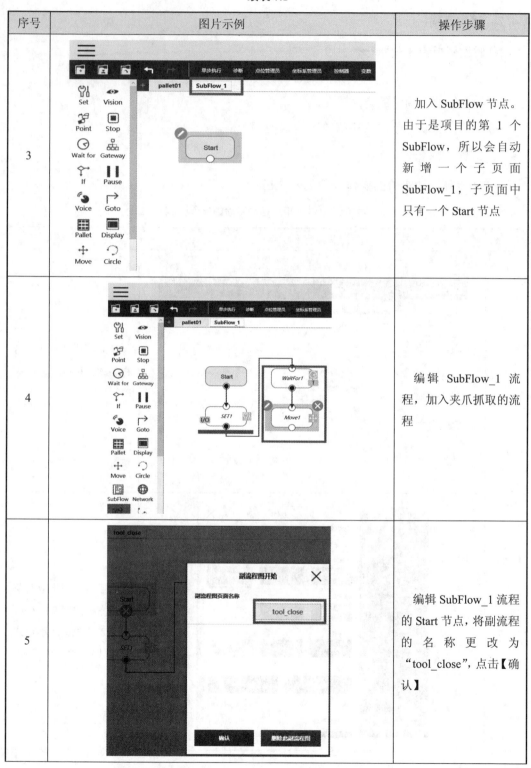	加入 SubFlow 节点。由于是项目的第 1 个 SubFlow，所以会自动新增一个子页面 SubFlow_1，子页面中只有一个 Start 节点
4		编辑 SubFlow_1 流程，加入夹爪抓取的流程
5		编辑 SubFlow_1 流程的 Start 节点，将副流程的名称更改为 "tool_close"，点击【确认】

续表 7.1

序号	图片示例	操作步骤
6	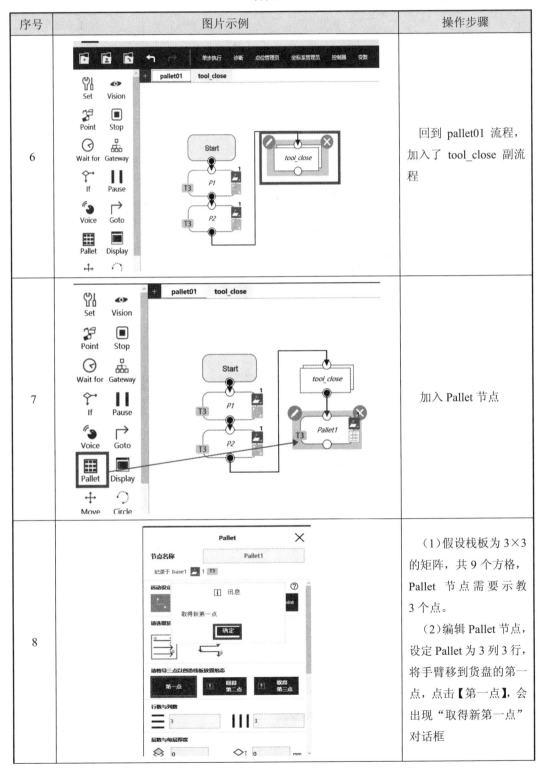	回到 pallet01 流程，加入了 tool_close 副流程
7		加入 Pallet 节点
8		（1）假设栈板为 3×3 的矩阵，共 9 个方格，Pallet 节点需要示教 3 个点。 （2）编辑 Pallet 节点，设定 Pallet 为 3 列 3 行，将手臂移到货盘的第一点，点击【第一点】，会出现"取得新第一点"对话框

续表 **7.1**

序号	图片示例	操作步骤
9	**第一点** 纪录于 base1 📷 1 T3 坐标 X 54.125　　Rx -177.054 Y 306.810　　Ry -9.989 Z 427.411　　Rz -176.364 控制器 将目前的姿态写入本点位 移动 (+)　手臂速度设定 1.00 %	可以点击【第一点】，再点击【控制器】，微调第一点的位置，微调后点击【将目前的姿态写入本点位】
10	**第二点** 纪录于 base1 📷 1 T3 坐标 X 50.576　　Rx -177.125 Y 341.448　　Ry -10.002 Z 319.349　　Rz -176.419 控制器 将目前的姿态写入本点位 移动 (+)　手臂速度设定 1.00 %	回到 Pallet 编辑画面，点击【取得第二点】，设定第二点位置
11	**第三点** 纪录于 base1 📷 1 T3 坐标 X 51.163　　Rx -178.990 Y 338.226　　Ry -10.066 Z 209.733　　Rz -176.161 控制器 将目前的姿态写入本点位 移动 (+)　手臂速度设定 1.00 %	回到 Pallet 编辑画面，点击【取得第三点】，设定第三点位置

续表 7.1

序号	图片示例	操作步骤
12	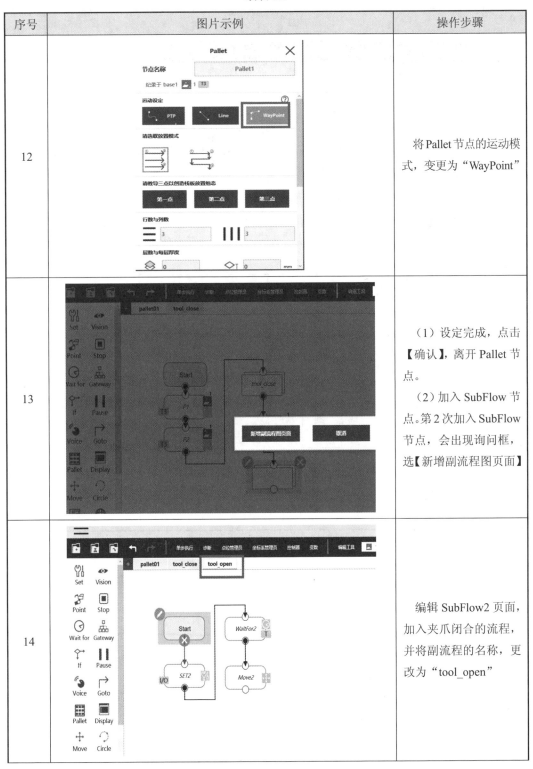	将 Pallet 节点的运动模式，变更为"WayPoint"
13		（1）设定完成，点击【确认】，离开 Pallet 节点。 （2）加入 SubFlow 节点。第 2 次加入 SubFlow 节点，会出现询问框，选【新增副流程图页面】
14		编辑 SubFlow2 页面，加入夹爪闭合的流程，并将副流程的名称，更改为"tool_open"

续表 7.1

序号	图片示例	操作步骤
15	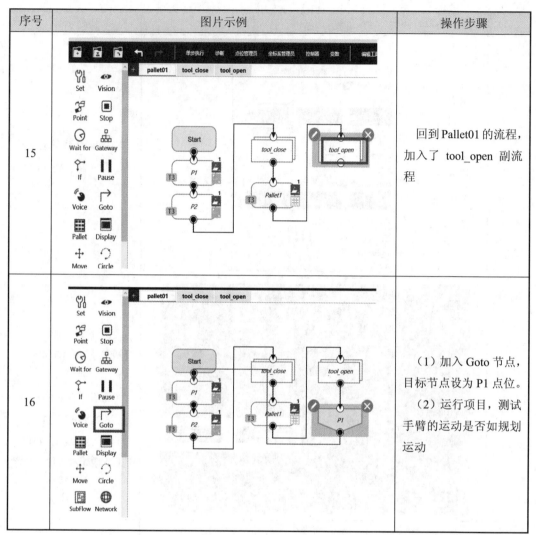	回到 Pallet01 的流程，加入了 tool_open 副流程
16		（1）加入 Goto 节点，目标节点设为 P1 点位。 （2）运行项目，测试手臂的运动是否如规划运动

86

第 8 章 TM vision 基本操作

8.1 简介

TM vision 是达明机器人的内建功能，包含硬件及软件。

硬件：在达明机器人的末端装有相机模块。

软件：指的是视觉软件功能，包含标准功能与加价功能两部分，标准功能可支持绝大多数的机器人视觉应用，若有特别的应用需求，可依据需求购买相对应的加价功能模块。

达明机器人除了内建的相机模块外，也可外接工业相机。达明机器人与相机的关系如图 8.1 所示，支持以下 3 种情境：

（1）Eye-in-Hand Camera（眼在手相机）：手臂内置相机。

（2）Eye-to-Hand Camera（眼到手相机）：可搭配支持的外部相机，将取得的信息反馈到机器人。

（3）Upward-Looking Camera（眼观手相机）：通过将校正板放置于对象上，可得到对象的坐标系与手臂之间的关系。

（a）Eye-in-Hand Camera　　（b）Eye-to-Hand Camera　　（c）Upward-Looking Camera

图 8.1　达明机器人与相机的关系

其中，"眼到手相机"及"眼观手相机"的功能需要外接相机，最多可连接两台外接相机，软件部分则为加价软件模块。本书只探讨"眼在手相机"的使用方法，有关"眼到手相机"及"眼观手相机"的使用方法，参考 TM vision 使用手册有关 TM 外接相机的说明。

8.2　眼在手相机

TM 机器人内建视觉系统，除了可执行高精密度视觉定位的任务外，也可用于快速换线的高弹性部署。TM 机器人内建摄影机的规格见表 8.1。

表 8.1　TM 机器人内建摄影机的规格

项目	规格
传感器类型	CMOS 彩色
分辨率	1 280×960 2 592×1 944（对于 AOI）
焦距	100 mm～无限
视角	60°（对角）
传感器大小	1/4"

TM 机器人内建视觉系统很简单，用户只要将手臂移至对象的正上方，点击末端模块上方的【Vision】按钮，或是在 TMflow 的流程中选取 Vision 节点拖动到专案编辑界面，即可在 TMflow 上建立一个 Vision 节点，并进行视觉任务的编辑。

8.3　Vision 节点

Vision 节点的启动界面如图 8.2 所示。

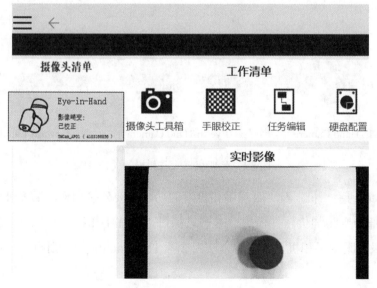

图 8.2　Vision 节点的启动界面

功能说明见表 8.2。

表 8.2　功能说明

功能	说明
摄影机清单	显示使用中的摄影机列表及其状态
控制器	为方便用户控制手臂运动，系统接口提供了机器人控制接口，用户可通过控制器移动手臂至合适的位置，以开始编辑后续的视觉任务
摄影机工具箱	协助使用者建立良好的取像环境，包含相机对比、白平衡等参数调整、焦距与光圈调整、环境光源调整、倾斜调整等
手眼校正	引导使用者完成工作空间的校正。校正后的工作空间可用于定点式视觉任务
任务编辑	用户可通过多样视觉算法的组合，解决视觉问题
硬盘配置	可选择是否将视觉任务执行的原始影像与结果影像进行存盘，并可让用户监控硬盘空间，避免硬盘空间不足。此功能需搭配 TM SSD（另售）

8.4　摄影机工具箱

摄影机工具箱用于调整摄影机的成像，如图 8.3 所示。

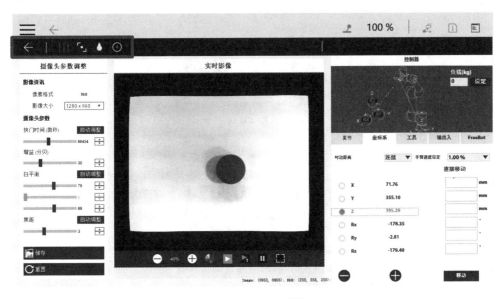

图 8.3　摄影机工具箱

图 8.3 中，摄影机工具箱的工具栏最左边的图示【←】为返回钮，其余工具按钮由左至右分别为【摄影机参数调整】【焦距/光圈调整】【光源均匀度检测】及【倾斜校正】。

8.4.1　摄影机参数调整

【摄影机参数调整】按钮对应的设置界面为预设画面，提供取像摄影机参数调整，包含快门时间、增益、白平衡以及焦距等参数的调整，说明如下。

➢ 可通过点击【自动调整】，让摄影机针对目前视野的取像，自动计算最合适的快门时间、白平衡或焦距。此功能只适用于眼在手相机。

➢ 设定完成后，可点击【储存】进行写入，若点击【重置】则会回到摄影机调整前的状态。

摄影机参数调整界面如图 8.4 所示。

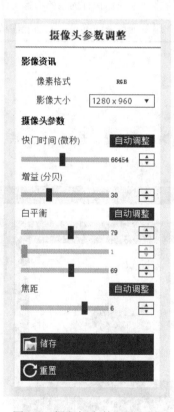

图 8.4　摄影机参数调整界面

8.4.2　焦距/光圈调整

【焦距/光圈调整】按钮用于协助调整外接摄影机的焦距与光圈。

8.4.3　光源均匀度检测

【光源均匀度检测】是辅助调整环境光源的一项工具。通过可视化的光源分布图做环境光源调整，使其达到分布均匀的目的，如图 8.5 所示，对其说明如下。

➤ 先于视野内摆放一灰板或颜色均匀的色板，光源分布如图 8.5 所示，其中红色代表偏亮的区域，蓝色代表偏暗的区域，绿色则代表均匀适中的区域。

➤ 下方拉杆为灵敏度调整，左边拉杆控制偏暗的区域的灵敏度，右边拉杆控制偏亮区域的灵敏度，将拉杆靠近左右两侧来降低灵敏度，颜色变化和缓，越靠近中央则灵敏度越高，颜色变化会更剧烈。

➤ 调整环境光源，将亮度分布调整至整体颜色为中央的绿色状态。

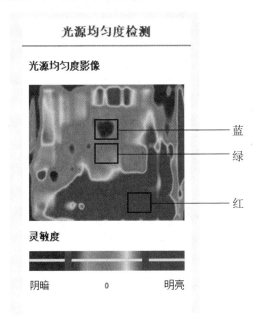

图 8.5　光源均匀度检测界面

8.4.4　倾斜校正

【倾斜校正】是辅助调整工作平面与摄影机倾斜度的工具，主要功能是提供目前的平面倾角，将平面调整至所需的倾斜角度。

➤ 只有将 TM 校正板或 TM Landmark 放置于相机视野内，才可进行倾斜角度估测。

➤ 可点击【自动倾斜校正】进行自动倾斜校正。

倾斜校正界面如图 8.6 所示。

图 8.6　倾斜校正界面

8.5　任务编辑

在主页面点击【任务编辑】，系统会根据目前的手眼关系弹出可选择的任务编辑模式，如图 8.7 所示。

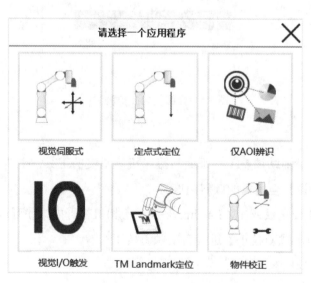

图 8.7　任务编辑界面

任务编辑有视觉伺服式、定点式定位、仅 AOI 辨识、视觉 I/O 触发、TM Landmark 定位、物件校正等内建模块。用户可根据需求选择需要的应用程序，并通过结合多样化的视觉算法，完成手臂视觉应用程序。

8.6 手眼校正

TM 校正板有两种标准尺寸，大板每格边长为 2 cm，小板每格边长为 1 cm，如图 8.8 所示。

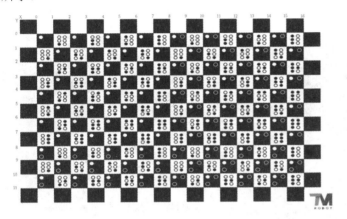

图 8.8　TM 校正板

当要进行定点式定位视觉任务时，需要进行工作空间的校正。工作空间校正包括自动更正与手动校正两种，校正程序如下：

➢ 移动手臂，将辨识工件置于视野中央，并将摄影机置于距目标 10～30 cm 处。

➢ 决定好辨识工件所在平面后，放置校正板于该平面，如图 8.9 所示。

➢ 选择自动更正或手动校正。

➢ 开始校正。

图 8.9　工作平面校正

进行工作平面校正时，需要注意以下几点：

➢ 视野中至少存在校正板 4×4 的方格，如图 8.10（a）所示。

➢ 视野大小不超过校正板大小，如图 8.10（b）所示。

➢ 避免外在光源造成的反光、眩光。

➢ 校正平面与辨识工件的平面要一致。

➢ 针对【定点式定位】应用，校正时务必使校正板的高度位置等同于对象表面（特征辨识面）高度，以减小成像投影所造成的误差。

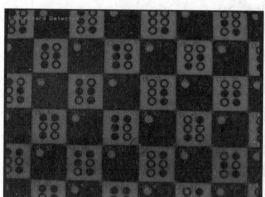 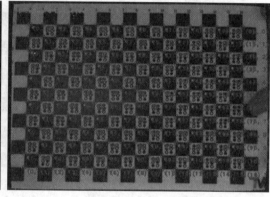

（a）视野中至少存在校正板 4×4 的方格　　　　　（b）视野大小不超过校正板大小

图 8.10　视野图

8.7　工作空间校正

8.7.1　实验目的

练习工作空间的校正。

8.7.2　实验步骤

工作空间校正实验的操作步骤见表 8.3。

表 8.3　工作空间校正实验的操作步骤

序号	图片示例	操作步骤
1	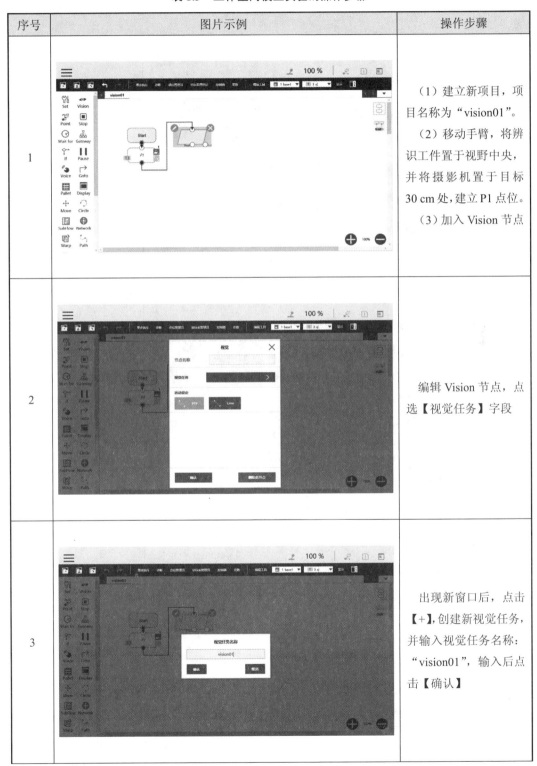	（1）建立新项目，项目名称为"vision01"。 （2）移动手臂，将辨识工件置于视野中央，并将摄影机置于目标 30 cm 处，建立 P1 点位。 （3）加入 Vision 节点
2		编辑 Vision 节点，点选【视觉任务】字段
3		出现新窗口后，点击【+】，创建新视觉任务，并输入视觉任务名称："vision01"，输入后点击【确认】

续表 8.3

序号	图片示例	操作步骤
4	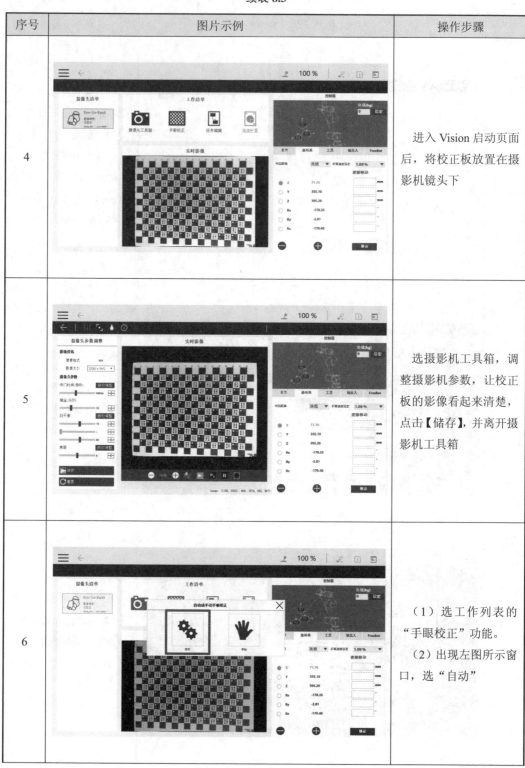	进入 Vision 启动页面后，将校正板放置在摄影机镜头下
5		选摄影机工具箱，调整摄影机参数，让校正板的影像看起来清楚，点击【储存】，并离开摄影机工具箱
6		（1）选工作列表的"手眼校正"功能。 （2）出现左图所示窗口，选"自动"

续表 8.3

序号	图片示例	操作步骤
7	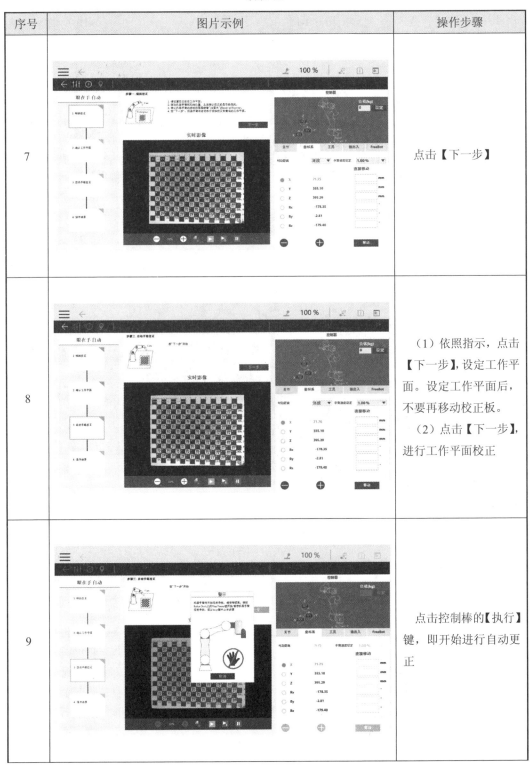	点击【下一步】
8		（1）依照指示，点击【下一步】，设定工作平面。设定工作平面后，不要再移动校正板。 （2）点击【下一步】，进行工作平面校正
9		点击控制棒的【执行】键，即开始进行自动更正

续表 8.3

序号	图片示例	操作步骤
10		校正完成，结果误差值应小于 0.3 mm，点击【确定】
11		点击【储存】
12		（1）储存工作平面，将工作平面名称设为"vision01"，机器人手臂与工作平面的 Z 轴高度为 300 mm。 （2）离开视觉任务，建立了一个校正好的工作平面

98

第 9 章　定点式定位

9.1　简介

定点式定位可适用于眼在手相机、眼到手相机，利用建立工作平面的方式，使得机器人可以利用绝对坐标来计算并定位物体，其精度取决于工作平面的校正精度。定点式定位适用于对象摆放的区域以及高度固定的视觉任务。

建立工作平面的方式，可参考第 6 章，以 TM 校正板来建立工作平面。有一点要注意：使用 TM 校正板进行定点式定位时，须确保摄影机与对象的绝对高度，必须与 TM 校正工作平面和摄影机的高度一致。

9.2　基本参数设定

选择工作平面后，会进入定点式定位的编译流程，如图 9.1 所示。

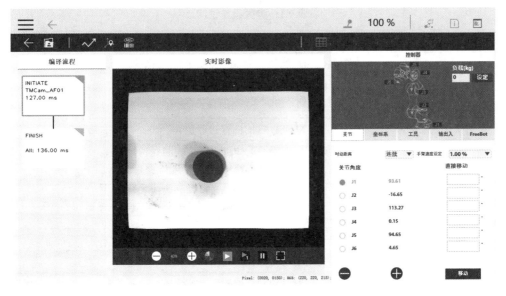

图 9.1　定点式定位的编译流程

点击两下图 9.1 编译流程的"INITIATE"，会出现图 9.2 所示的界面，可以进行基本参数的设定。

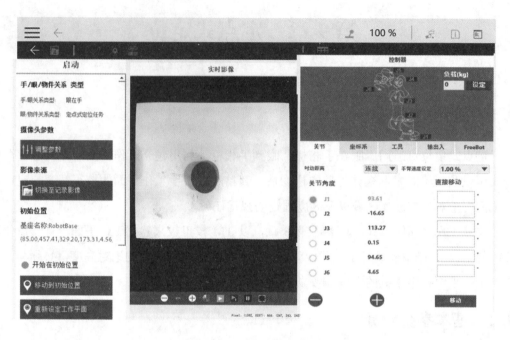

图 9.2　基本参数设定

参数设定说明见表 9.1。

表 9.1　参数设定说明

名称	说明
调整相机参数	包含相机的快门时间、焦距以及影像的对比与白平衡参数调整选项。所有选项皆有自动调整功能，在调整完成后须点选【储存】以确定变更
切换至记录影像	采用 TM SSD 内的图像进行辨识
开始在初始位置	若勾选，则手臂运作阶段时会先回到初始位置；若不勾选，则以手臂当前位置执行视觉辨识
移动至初始位置	可移动手臂至初始位置
重新设定工作平面	可重新设定手臂工作平面
采光	可控制手臂末端的光源开关
采光强度	可使用滑动光标设定亮度
等待手臂稳定时间	设定手臂移动到该位置后，等待多长时间再进行拍照，可选择自动或手动设定
拍完即走	影像一旦已撷取，系统将退出 Vision 节点并转到下一个节点，在流程背景里处理影像，以减少在视觉节点停顿的时间

9.3 对象侦测

完成相机基本参数设定后，即可点选工具栏的【对象侦测】模块，会出现如图 9.3 的界面。

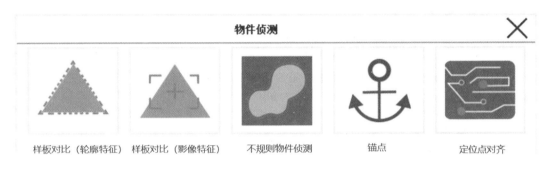

图 9.3 对象侦测

若点选"样板比对（轮廓特征）"，会出现图 9.4 界面，可通过框选方式框选出的轮廓特征找出其在影像上的位置，并将视觉坐标系建立于对象上。

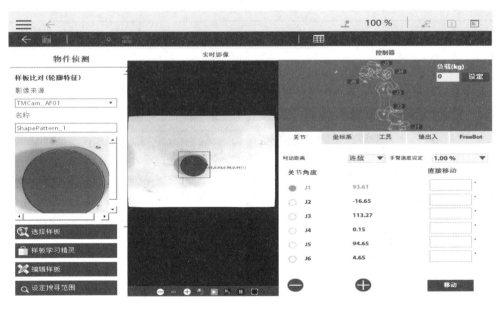

图 9.4 设定比对样板

当决定好比对的样板后，需将比对的样板储存。进行对象辨识时，TM vision 会将目前视野的图片与储存的样板进行比对，计算轮廓的特征，并由比对两者的差异性给予对应的分数，作为相似度的判断依据。使用者可在图 9.4 中选择适当的阈值，作为判断是否为同一物体的依据。

9.4 定点式定位

9.4.1 实验目的

练习定点式定位。

9.4.2 程序流程

> 手臂至辨识对象的上方 30 cm 处。

> 进行定点式定位，工作平面采用第 5 章建立的校正工作平面。

> 手臂夹取物件。

> 手臂移至放置对象位置。

> 手臂放开物件。

> 回到辨识对象的上方 30 cm 处。

9.4.3 实验步骤

定点式定位实验的操作步骤见表 9.2。

表 9.2　定点式定位实验的操作步骤

序号	图片示例	操作步骤
1	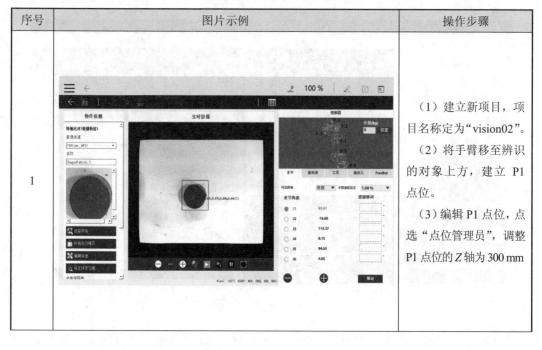	（1）建立新项目，项目名称定为"vision02"。 （2）将手臂移至辨识的对象上方，建立 P1 点位。 （3）编辑 P1 点位，点选"点位管理员"，调整 P1 点位的 Z 轴为 300 mm

续表 9.2

序号	图片示例	操作步骤
2	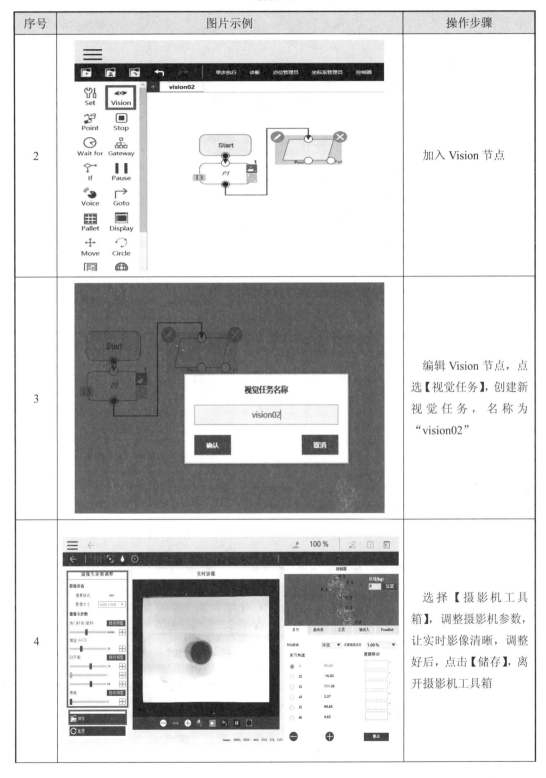	加入 Vision 节点
3		编辑 Vision 节点，点选【视觉任务】，创建新视觉任务，名称为"vision02"
4		选择【摄影机工具箱】，调整摄影机参数，让实时影像清晰，调整好后，点击【储存】，离开摄影机工具箱

续表 9.2

序号	图片示例	操作步骤
5	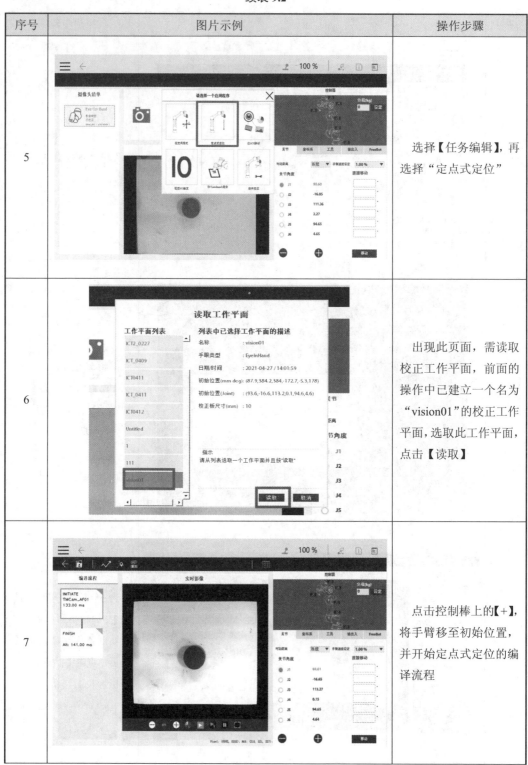	选择【任务编辑】，再选择"定点式定位"
6		出现此页面，需读取校正工作平面，前面的操作中已建立一个名为"vision01"的校正工作平面，选取此工作平面，点击【读取】
7		点击控制棒上的【+】，将手臂移至初始位置，并开始定点式定位的编译流程

续表 9.2

序号	图片示例	操作步骤
8	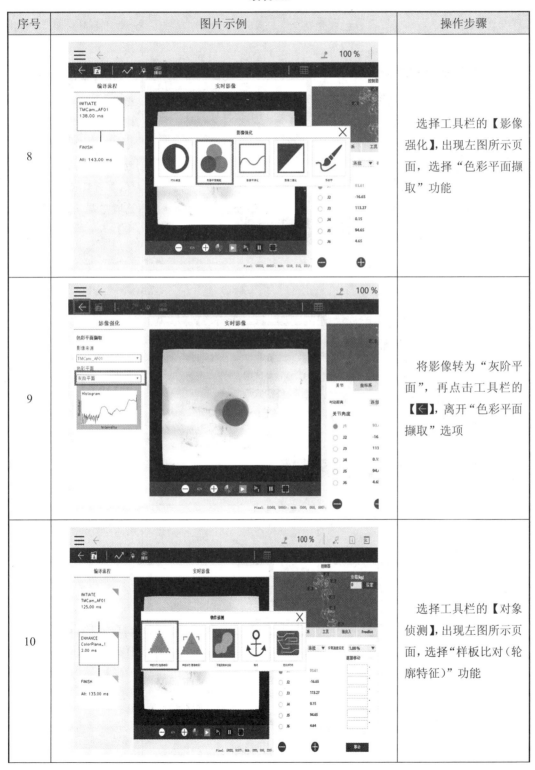	选择工具栏的【影像强化】，出现左图所示页面，选择"色彩平面撷取"功能
9		将影像转为"灰阶平面"，再点击工具栏的【←】，离开"色彩平面撷取"选项
10		选择工具栏的【对象侦测】，出现左图所示页面，选择"样板比对（轮廓特征）"功能

续表 9.2

序号	图片示例	操作步骤
11	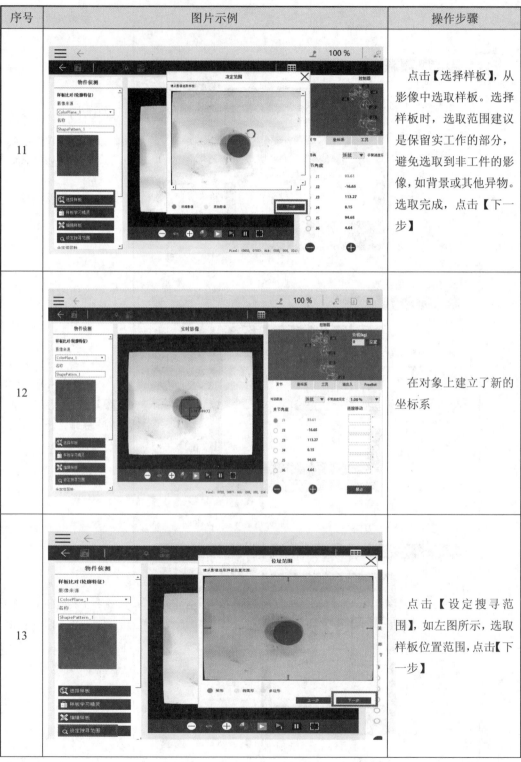	点击【选择样板】，从影像中选取样板。选择样板时，选取范围建议是保留实工作的部分，避免选取到非工件的影像，如背景或其他异物。选取完成，点击【下一步】
12		在对象上建立了新的坐标系
13		点击【设定搜寻范围】，如左图所示，选取样板位置范围，点击【下一步】

续表 9.2

序号	图片示例	操作步骤
14	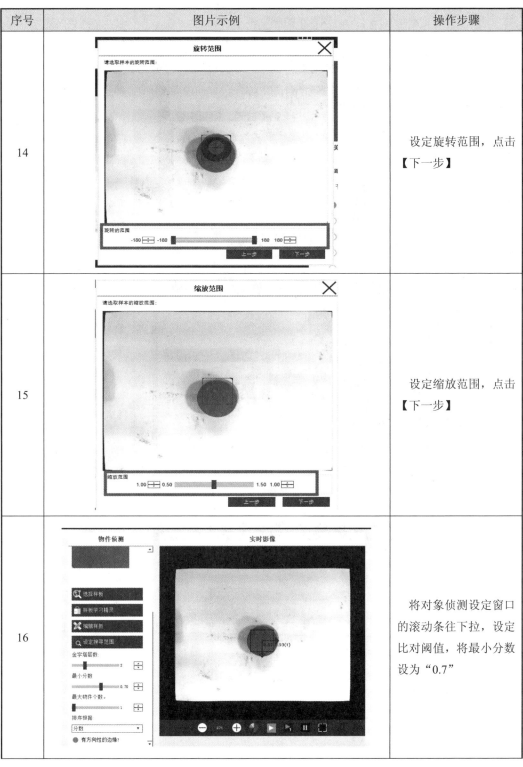	设定旋转范围，点击【下一步】
15		设定缩放范围，点击【下一步】
16		将对象侦测设定窗口的滚动条往下拉，设定比对阈值，将最小分数设为"0.7"

续表 9.2

序号	图片示例	操作步骤
17	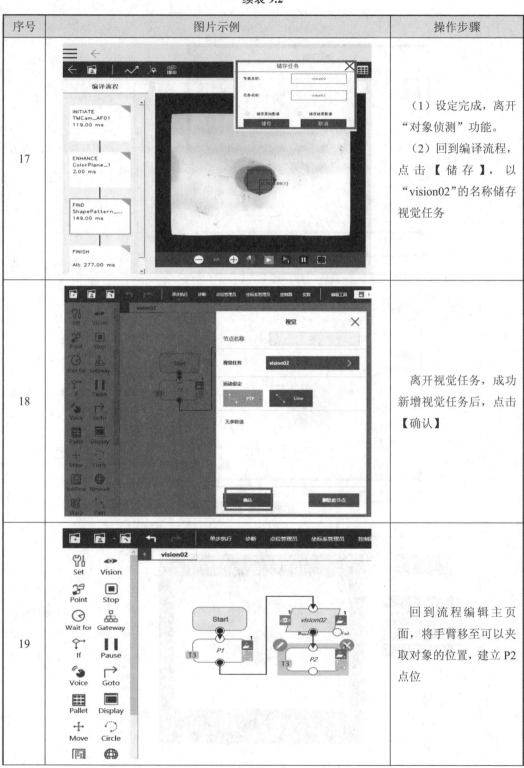	（1）设定完成，离开"对象侦测"功能。 （2）回到编译流程，点击【储存】，以"vision02"的名称储存视觉任务
18		离开视觉任务，成功新增视觉任务后，点击【确认】
19		回到流程编辑主页面，将手臂移至可以夹取对象的位置，建立P2点位

续表 9.2

序号	图片示例	操作步骤
20	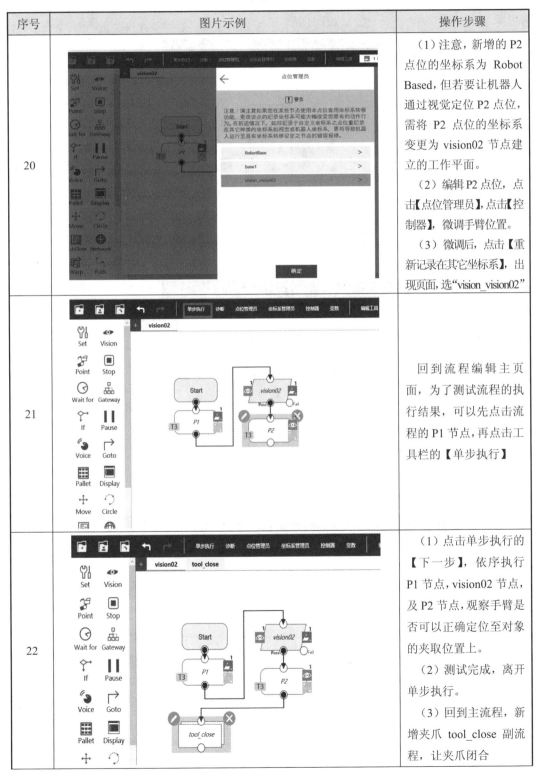	（1）注意，新增的 P2 点位的坐标系为 Robot Based，但若要让机器人通过视觉定位 P2 点位，需将 P2 点位的坐标系变更为 vision02 节点建立的工作平面。 （2）编辑 P2 点位，点击【点位管理员】，点击【控制器】，微调手臂位置。 （3）微调后，点击【重新记录在其它坐标系】，出现页面，选"vision_vision02"
21		回到流程编辑主页面，为了测试流程的执行结果，可以先点击流程的 P1 节点，再点击工具栏的【单步执行】
22		（1）点击单步执行的【下一步】，依序执行 P1 节点，vision02 节点，及 P2 节点，观察手臂是否可以正确定位至对象的夹取位置上。 （2）测试完成，离开单步执行。 （3）回到主流程，新增夹爪 tool_close 副流程，让夹爪闭合

续表 9.2

序号	图片示例	操作步骤
23	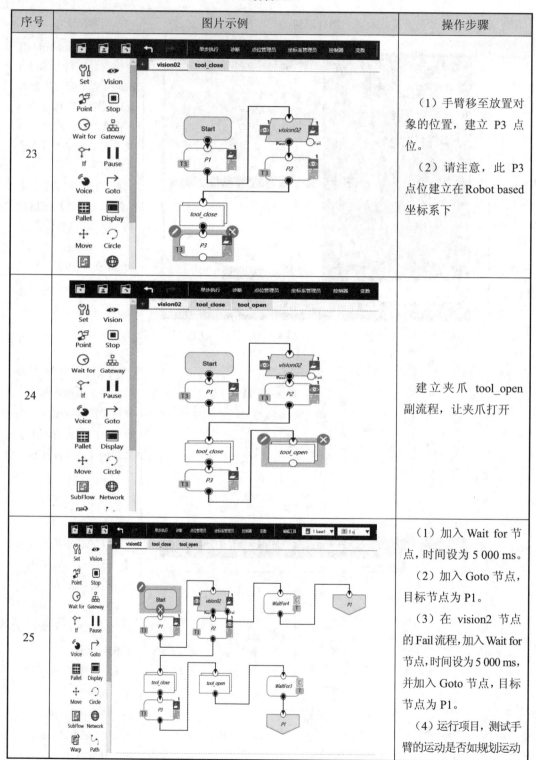	（1）手臂移至放置对象的位置，建立 P3 点位。 （2）请注意，此 P3 点位建立在 Robot based 坐标系下
24		建立夹爪 tool_open 副流程，让夹爪打开
25		（1）加入 Wait for 节点，时间设为 5 000 ms。 （2）加入 Goto 节点，目标节点为 P1。 （3）在 vision2 节点的 Fail 流程，加入 Wait for 节点，时间设为 5 000 ms，并加入 Goto 节点，目标节点为 P1。 （4）运行项目，测试手臂的运动是否如规划运动

第 10 章　TM vision 任务编辑

10.1　简介

TM vision 任务编辑可分为视觉伺服式、定点式定位、仅 AOI 辨识、视觉 I/O 触发、TM Landmark 定位、物件校正等。在任务编辑页面中，包含了多样化的视觉算法，来协助用户完成视觉应用程序。在本章中，将说明这些视觉任务的使用方法。

TM vision 的任务编辑页面如图 10.1 所示，其中工具栏部分包含有 3 个标准模块按钮：【影像强化】【对象侦测】及【辨识模块】。

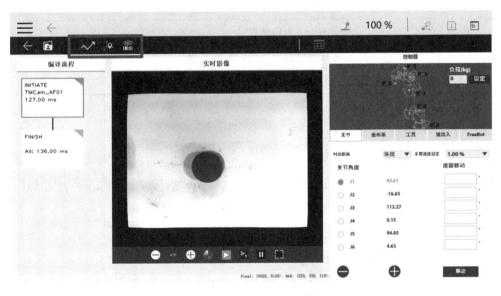

图 10.1　TM vision 任务编辑

10.2　影像强化

【影像强化】提供多种功能来强化影像特征，在不同的工作环境下，可调整影像特征来提高影像辨识的成功率。点击工具栏的【影像强化】，会出现图 10.2 所示的界面。

影像强化

对比增强　色彩平面撷取　影像平滑化　影像二值化　形态学

图 10.2　影像强化界面

影像强化模块包含了许多功能，影像强化特征见表 10.1。

表 10.1　影像强化特征

功能	说明
对比增强	用来调整影像对比
色彩平面撷取	可撷取特定色彩平面，如红色、蓝色、绿色或饱和度等
影像平滑化	当影像来源有噪声时，可用来清除噪声，增加影像的平滑度
影像二值化	将图像转为黑白影像
形态学	可将线条变粗或变细、补洞或断开
影像翻转	进行影像翻转

10.2.1　对比增强

对比增强功能可以调整影像亮度与对比，以增加对象与背景的对比度，提高对象侦测的准确度。使用时，建议先通过调整对比值，拉大背景与前景的亮度差异，然后再通过调整伽马值，让亮得更亮，暗得更暗。

"对比增强"功能的设定项目说明如下：

➢ 影像来源：可切换来源影像。

➢ 对比：调整对比，若调整为-1，则为反相影像（负片）。

➢ 亮度：调整亮度。

➢ 伽马：调整影像伽马值（将照片整个色彩调暗或调亮）。

➢ 重置：重设参数。

➢ 色彩平面：选择特定色彩平面做调整。

➢ Lookup Table：输入与输出的转换曲线。

➢ Histogram：影像直方图。

对比增强界面如图 10.3 所示。

112

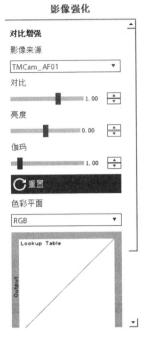

图 10.3　对比增强界面

10.2.2　色彩平面撷取

色彩平面撷取功能可撷取影像中特定的影像平面,或将影像由 RGB 空间转换至 HSV 空间。通过物体与背景在不同色彩平面的呈现,选择合适的色彩平面可增加对象与背景的对比度,提高对象侦测的准确度。

对象"侦测模块"功能基本上都是运作在灰阶色彩空间上,当输入为彩色影像时,会被强制转为灰阶,用户可通过本模块将影像转换为前景/背景有最佳差异的色彩空间,提升对象辨识的稳定性,并可缩短辨识的时间。

"色彩平面撷取"功能的设定项目说明如下:

➢ 影像来源:可切换来源影像。

➢ 色彩平面:要撷取的色彩平面。色彩平面有以下几种:灰阶平面、红色平面、绿色平面、蓝色平面、色相平面、饱和度平面和明度平面。

色彩平面撷取界面如图 10.4 所示。

113

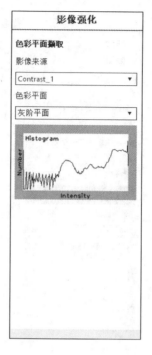

图 10.4　色彩平面撷取界面

采用各种色彩平面的效果如图 10.5 所示。其中，采用红色、绿色及蓝色平面时，其功能如同滤镜一般，可将该颜色成分抹除。

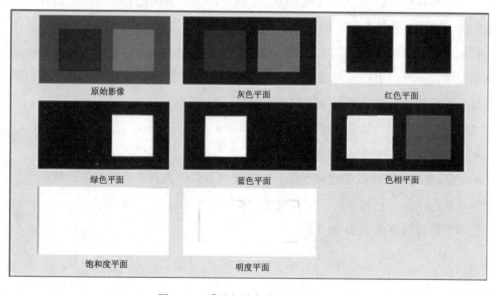

图 10.5　采用各种色彩平面的效果

10.2.3　影像平滑化

当影像来源有噪声时，可通过影像平滑化功能做噪声滤除，增加影像的平滑度。此功能的设定项目说明如下：

➢ 影像来源：可切换来源影像。

➢ 滤波类型：均值滤波、高斯滤波、中值滤波。

➢ 遮罩大小：较大的遮罩尺寸会产生较大范围的平滑效果。当滤波类型选用"中值滤波"时，只需调整宽度参数。

影像平滑化界面如图 10.6 所示。

图 10.6　影像平滑化界面

10.2.4　影像二值化

影像二值化功能可将大于某个临界灰度值的像素灰度设为"灰度极大值"，把小于这个值的像素灰度设为"灰度极小值"，简化影像的色阶，可有效提高对象侦测的速度。但影像二值化功能极易受环境光源的影响，建议在使用此功能时，应尽量确保周围光源的稳定。"影像二值化"的设定项目说明如下：

➢ 影像来源：可切换来源影像。

➢ 二值化类型：

二元式：高于阈值设为白，低于阈值则设为黑。

二元式（反向）：高于阈值设为黑，低于阈值则设为白。

截尾式：高于阈值的数值设定等于阈值。

阈值到零：低于阈值的数值设定为零。

阈值到零（反向）：高于阈值的数值设定为零。

➢ 自动阈值：根据目前影像，自动计算阈值。

➢ 阈值：二值化的阈值。

➢ Histogram：原始影像直方图。

影像二值化界面如图 10.7 所示。

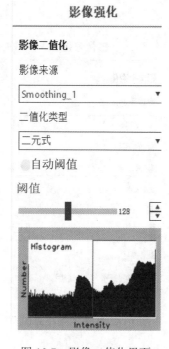

图 10.7　影像二值化界面

10.2.5　形态学

形态学运算往往运用在二值化影像上，可对前景物件产生填补或断开等效果，以达到去除噪声或连接破碎前景物等目的。此功能的设定项目说明如下：

➢ 影像来源：可切换来源影像。

➢ 操作类型：

扩张：对白色区域做膨胀。

侵蚀：对白色区域做侵蚀。

断开：对白色区域做侵蚀再膨胀，可断开连接的弱边或去除破碎小区块。

填补：对白色区域做膨胀再侵蚀，可修补破面或空洞。

梯度：将影像膨胀的结果和侵蚀的结果相减，可独立出边缘区域。

➢ 结构元素：

矩形：矩形操作数。

十字：十字操作数。

椭圆：椭圆形操作数。

➢ 元素大小：操作数尺寸，较大的尺寸会对较大范围的区域做形态学运算。

➢ 叠代（即"迭代"）：重复运算次数。

形态学界面如图 10.8 所示。

图 10.8　形态学界面

　　图 10.9 为将形态学应用于影像辨识的一个例子。图 10.9 左图为辨识咖啡胶囊颜色的应用，由于胶囊表面反光及白色印刷文字，使得色彩特征撷取相当不稳定，容易造成辨识失败，此时可通过形态学的"断开"运算，对白色区域做侵蚀再膨胀，产生如图 10.9 右图的结果，可大幅提高后续色彩辨识的稳定性。

原始影像

运算：开放
结构元素：椭圆
网格尺寸：w=15, h=15
迭代=2

图 10.9　形态学应用于影像辨识

10.3　对象侦测

当点击图 10.1 的【对象侦测】，会出现如图 10.10 所示的画面。

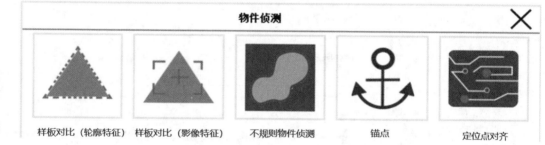

图 10.10　对象侦测

对象侦测模块包含许多功能，但有些功能需要付费才会显示。对象侦测工具说明见表 10.2。

表 10.2　对象侦测工具说明

功能	说明
样板比对（轮廓特征）	基于物体外形的对象侦测，通过物体的轮廓特征找出其在影像上的位置
样板比对（影像特征）	基于物体像素值的分布特征，找出对象在影像上的位置。当影像轮廓不明显时，可应用此功能进行样板比对
定位点对齐	通过 PCB 板上的两个定位点进行定位
不规则对象侦测	通过物体与背景的颜色差异，找出前景物体

118

10.3.1　样板比对（轮廓特征）

样板比对（轮廓特征）功能利用物体的"几何轮廓特征"来建立该物体的样板模型，再通过该样板模型与输入影像进行比对，以找出该物体在影像上的位置，输出信息为相对影像原点（左上）的坐标 X、Y 以及旋转角 R。

"轮廓样板比对"支持物体旋转与尺寸上的变异，较适用于刚性轮廓物体。此功能的设定项目说明如下：

➤【选择样板】：点击后会弹出当前影像，用户可在该影像上圈选对象。

➤【样板学习精灵】：可通过流程学习样板模型。

➤【编辑样板】：点击后会弹出编辑窗口，用户可通过该窗口画面编辑对象的轮廓特征。

➤【设定搜寻范围】：点击后可设定该对象于影像上搜寻的位置范围、旋转范围与缩放范围。

➤金字塔层数：层数较多时，搜寻时间可大幅缩小，但若对象有过多细节，则该细节容易被抹去，造成侦测失误。

➤最小分数：侦测结果的分数高于此最小分数，才判断为一对象。

➤最大物件个数：画面中可被侦测的该对象的最大数量。

➤排序根据：当最大对象数量大于 1 时，输出的结果会根据此字段的设定进行排序。

➤有方向性的边缘：选择轮廓点是否具有方向性。

样板比对（轮廓特征）界面如图 10.11 所示。

图 10.11　样板比对（轮廓特征）界面

10.3.2 注意事项

（1）在设定搜寻范围时，若物体具有对称性的特性，则可将旋转角度范围调小，如长方形调小为"-90～90"、正方形调小为"-45～45"、圆形调整为"0～1"（单位为°）。

（2）最小分数：数值越小越可避免漏判，但有可能产生假警报，常用数值一般落在"0.5～0.7"。

（3）金字塔阶层数对样板比对算法的指令周期有绝对影响，算法是由高到低逐层比对，每增加一个阶层，像素分辨率减半，但搜寻速度则可大幅提升。一般来说"3～5"层为常用值，使用者可针对样板边缘特征来进行设定，若细节特征较多，则阶层数较少；反之，则建议使用较多的阶层来减少运算时间。

（4）通过"设定搜寻范围"设定合理的辨识范围，可有效提高辨识效能。

（5）样板比对算法是通过边缘特征的强弱与方向来评估对象是否匹配。边缘的方向指的是该边缘是"由浅到深"或"由深到浅"。若"有方向性的边缘"参数被勾选时，边缘的方向性将影响辨识结果。

10.3.3 样板比对（影像特征）

样板比对（影像特征）功能利用对象本身的图案作为样板模型，再通过该样板模型与输入影像进行比对，以找出该物体在影像上的位置。样板比对（影像特征）支持物体位移与旋转上的变异，相较于轮廓样板比对，本法速度较慢且不支持尺寸变化，但若对象无明确特征或边缘模糊时，则可采用此方法。

此功能的设定项目说明如下：

➤ 【选择样板】：点击后会弹出当前影像，用户可在该影像上圈选对象图案来作为样板模型。

➤ 【设定搜寻范围】：点击后可设定该对象于影像上搜寻的位置范围、旋转范围与缩放范围。

➤ 金字塔层数：层数较多时，搜寻时间可大幅缩小，但若对象有过多细节，该细节则容易被抹去，造成侦测失误。

➤ 最小分数：侦测结果的分数高于此最小分数，才判断为一对象。

➤ 最大物件个数：画面中可被侦测对象的最大数量。

➤ 相似度测量：使用者可由"相关系数"或"绝对差异"挑选合适的测量方式，其中前者速度较慢，但抗环境光强弱、光影变化的能力较强。

➤ 排序根据：当最大对象数量大于 1 时，输出的结果会根据此字段的设定进行排序。

样板比对（影像特征）界面如图 10.12 所示。

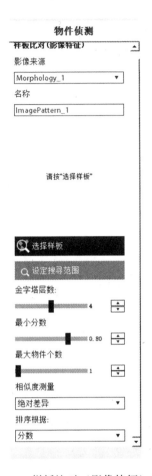

图 10.12　样板比对（影像特征）界面

10.3.4　定位点对齐

定位点对齐功能主要是对 PCB 板上的两个定位点进行侦测与定位，具有速度快、稳定性高的优点。此功能的缺点是：搜寻范围较小，且不抗缩放旋转。

"定位点对齐"功能适合 PCB 板进料位置偏移不大，但须快速精准定位的情况。对此功能的部分设定项目说明如下：

➢ 【设定搜寻范围】：依次在影像上设定两个定位点的搜寻范围。

➢ 阈值：设定比对阈值。

➢ 相似度测量：可由"相关系数"或"绝对差异"挑选合适的测量方式，其中前者速度较慢，但抗环境光强弱、光影变化的能力较强。

定位点对齐界面如图 10.13 所示。

121

图 10.13 定位点对齐界面

在设定定位点时，需循序在影像上设定两定位点，设定定位点的方法如图 10.14 所示。

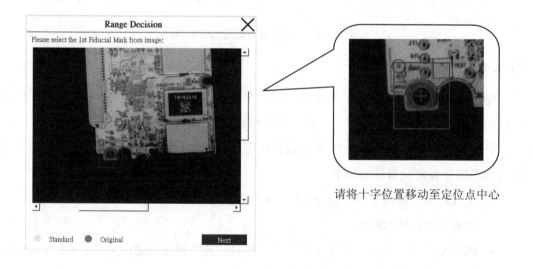

图 10.14 设定定位点的方法

10.3.5　不规则对象侦测

具有规则外形的对象，可通过样板比对的方式将其侦测出来；若待测物的外形不规则，如水果、面包等，则可通过不规则对象侦测功能进行侦测。

此功能的设定项目说明如下：

➢ 【设定搜寻范围】：设定有效的侦测范围。

➢ 色彩平面：选择使用的色彩空间。

➢ 【撷取颜色】：点击后可于影像上圈选兴趣区域的颜色。

　　红色、绿色、蓝色平面：兴趣区域颜色的分布范围。

➢ 区域大小：用来设定前景区域面积范围，当前景像素群的点数落于该范围之外时，会忽略该区域。

➢ 最大物件个数：画面中可被侦测对象的最大数量。

➢ 排序根据：当最大对象数量大于 1 时，输出的结果会根据此字段的设定进行排序。

不规则对象侦测界面图 10.15 所示。

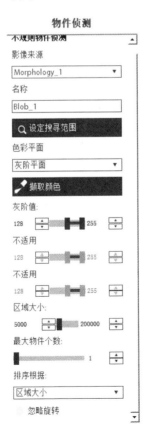

图 10.15　不规则对象侦测界面

123

不规则对象侦测的应用范例如图 10.16 所示。

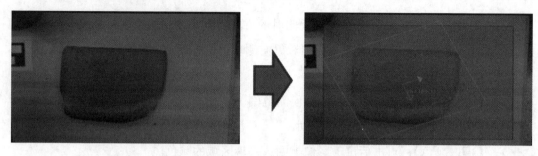

图 10.16　不规则对象侦测的应用范例

第 11 章 伺服式定位

11.1 简介

TM vision 除了定点式定位外，还具有伺服式定位功能。使用伺服式定位，用户只需定义对象的特征，在每一次的伺服定位过程中，TM vision 会以定义的对象做标准样本，自动调整机械手臂的位置，以满足摄影机与对象的相对位置要求。

伺服式定位仅适用于"眼在手"，通过持续逼近对象在影像上的目标位置以达到定位的目的，因此不需要建立工作平面。若定位目标角度变异性较大时，在决定初始定位时，可以先通过校正板进行水平校正。

伺服式定位的时间取决于收敛区域以及手臂动作路径，可应用于摄影机、工作平台与手臂的关系因人为或环境改变时的场合。

11.2 启动设定

点选【视觉伺服式】模块，会出现图 11.1 所示的编译流程。

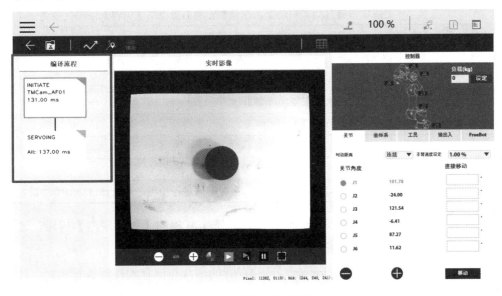

图 11.1　视觉伺服式模块

点选图 11.1 左侧编译流程的 INITIATE 节点，可进行启动设定，设定页面如图 11.2 所示。

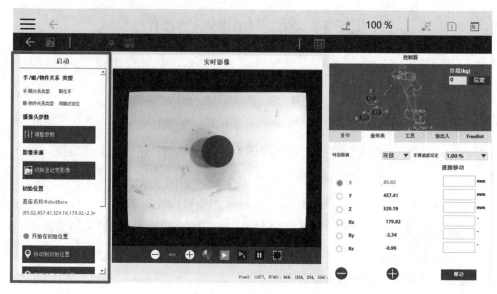

图 11.2　启动设定

启动设定项目说明见表 11.1。

表 11.1　启动设定项目说明

项目	说明
调整摄影机参数	可调整内建相机的快门时间与焦距，以及影像的对比与白平衡选项。所有选项皆有自动调整功能，在调整完成后须点选【储存】以确认变更
切换至记录影像	采用 TM SSD 内的影像进行辨识
开始在初始位置	若勾选，则手臂运作阶段时会先回到初始位置；若不勾选，则以手臂当前位置执行视觉辨识
采光	可控制手臂末端的光源开关
采光强度	可使用滑杆设定亮度
移动至初始位置	可移动手臂至初始位置
重新设定初始位置	可重新设定手臂初始位置
等待手臂稳定时间	手臂移动到该位置后等待多久时间进行拍照，可选择自动或手动设定

完成启动设定，并确认影像清晰后，即可点选工具栏的【对象侦测】模块，通过样板比对功能，框选用来比对样板的轮廓特征。

决定比对的样板后，TM vision 会将目前视野的图片与储存的样板进行比对，计算轮廓的特征，并由比对两者的差异性给予对应的分数，作为相似度的判断依据，使用者可设置适当的阈值，作为判断两图片是否为同一物体的依据。

11.3　设定伺服目标

决定好比对的样板后，返回编译流程。当视觉流程图中有一个对象侦测模块时，即可设定伺服目标。点击编译流程的"SERVOING"节点，即可进入伺服式定位的设定页面，如图 11.3 所示。

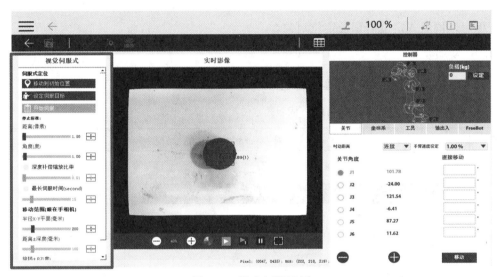

图 11.3　设定伺服目标

伺服式定位参数设定说明见表 11.2。

表 11.2　伺服式定位参数设定说明

项目	说明
移动至初始位置	可移动手臂至初始位置
距离（像素）	当目前物体特征与目标物体特征距离小于该值时，判断为相似
角度	当目前物体特征与目标物体特征角度小于该值时，判断为相似
深度补偿	根据辨识结果的 Scaling 参数判断是否进行深度补偿
半径 X-Y 平面	当水平移动距离超过此值时，停止手臂运动
距离±深度	垂直移动距离超过此值时，停止手臂运动
设定伺服目标	由点击该按钮与下方选项，决定伺服目标位置 （1）使用目前的位置。 （2）目标定位于影像中心
开始伺服	点击开始伺服后并按机器人控制棒上的【+】键，进入伺服程序，只有伺服到位完成后，才可进行保存
停止标准	使用滑杆调整距离、角度、深度和最长伺服时间的停止条件
移动范围	使用滑杆调整摄影机的半径、距离和旋转角度的限制范围。若摄影机超出范围，系统将走失败路径并离开 Vision 节点

伺服目标设定完成后，点选【开始伺服】选项并按机器人控制棒上的【＋】键，TM机器人即会对视觉画面进行伺服，直到 TM vision 显示伺服成功后，即可进行存档。

11.4 伺服式定位

11.4.1 实验目的

练习以伺服式定位辨识及定位对象。

11.4.2 实验步骤

伺服式定位实验的操作步骤见表 11.3。

表 11.3 伺服式定位实验的操作步骤

序号	图片示例	操作步骤
1	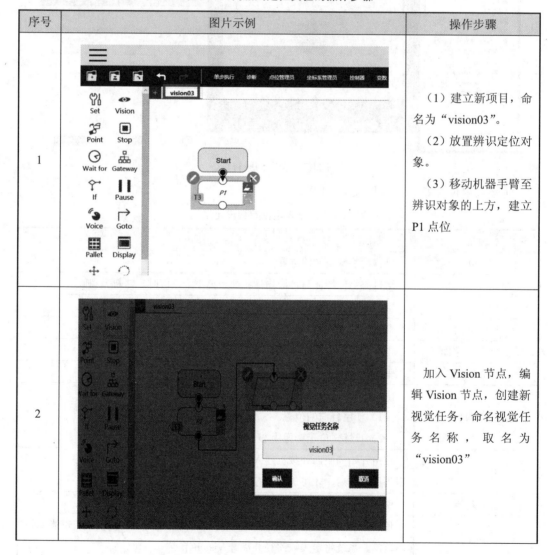	（1）建立新项目，命名为"vision03"。 （2）放置辨识定位对象。 （3）移动机器手臂至辨识对象的上方，建立 P1 点位
2		加入 Vision 节点，编辑 Vision 节点，创建新视觉任务，命名视觉任务名称，取名为"vision03"

续表 11.3

序号	图片示例	操作步骤
3	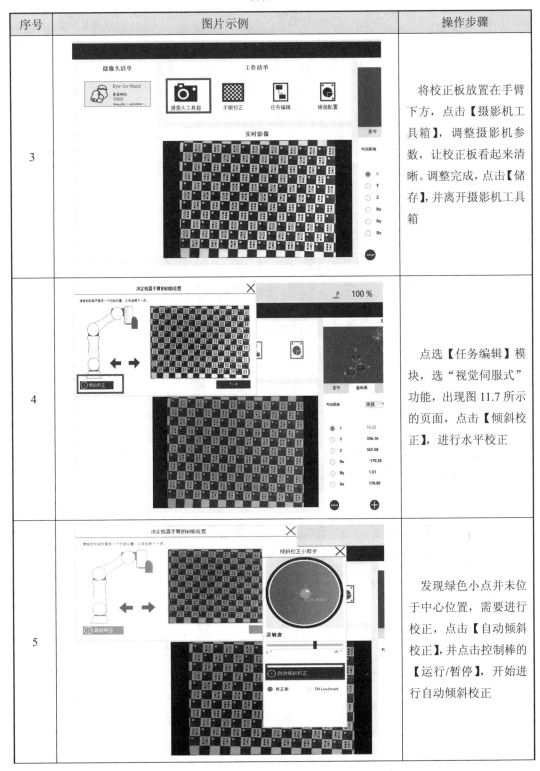	将校正板放置在手臂下方，点击【摄影机工具箱】，调整摄影机参数，让校正板看起来清晰。调整完成，点击【储存】，并离开摄影机工具箱
4		点选【任务编辑】模块，选"视觉伺服式"功能，出现图 11.7 所示的页面，点击【倾斜校正】，进行水平校正
5		发现绿色小点并未位于中心位置，需要进行校正，点击【自动倾斜校正】，并点击控制棒的【运行/暂停】，开始进行自动倾斜校正

续表 11.3

序号	图片示例	操作步骤
6	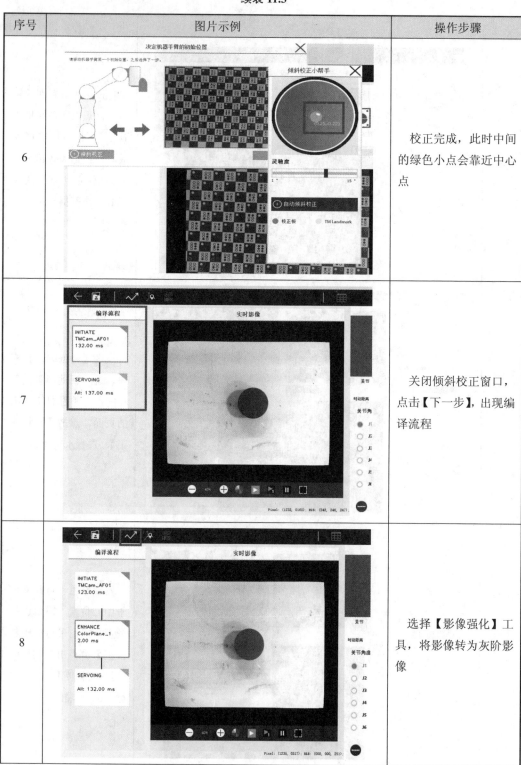	校正完成，此时中间的绿色小点会靠近中心点
7		关闭倾斜校正窗口，点击【下一步】，出现编译流程
8		选择【影像强化】工具，将影像转为灰阶影像

130

续表 11.3

序号	图片示例	操作步骤
9	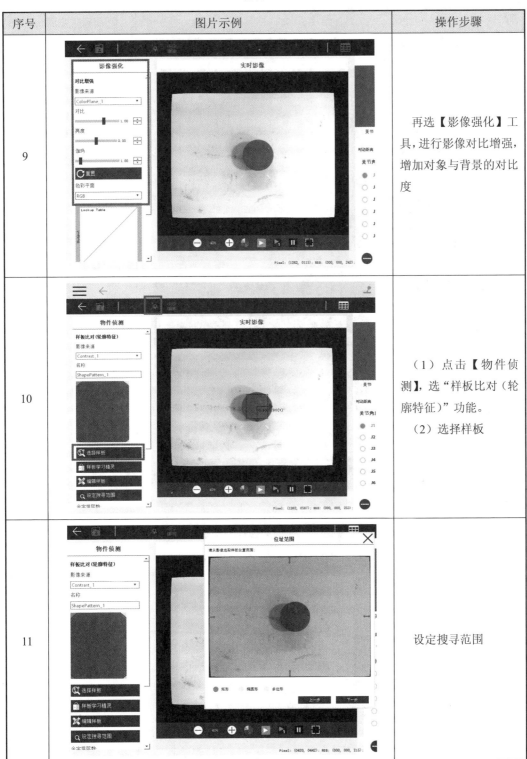	再选【影像强化】工具,进行影像对比增强,增加对象与背景的对比度
10		(1) 点击【物件侦测】,选"样板比对(轮廓特征)"功能。 (2) 选择样板
11		设定搜寻范围

续表 11.3

序号	图片示例	操作步骤
12	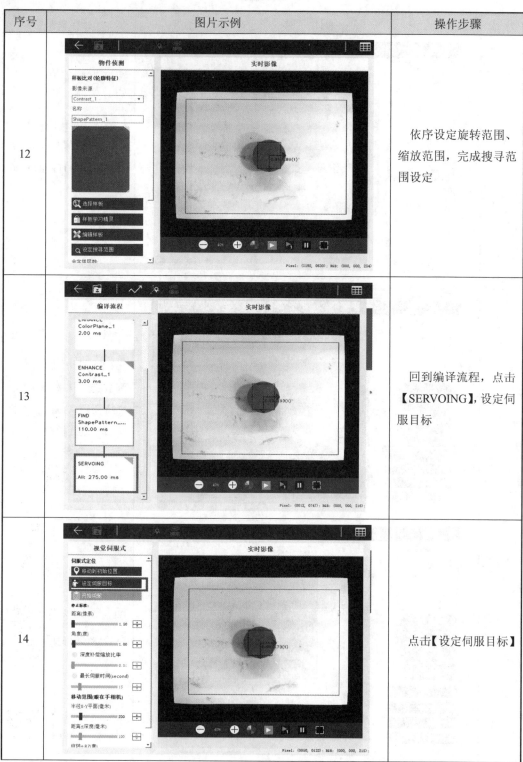	依序设定旋转范围、缩放范围，完成搜寻范围设定
13		回到编译流程，点击【SERVOING】，设定伺服目标
14		点击【设定伺服目标】

续表 11.3

序号	图片示例	操作步骤
15	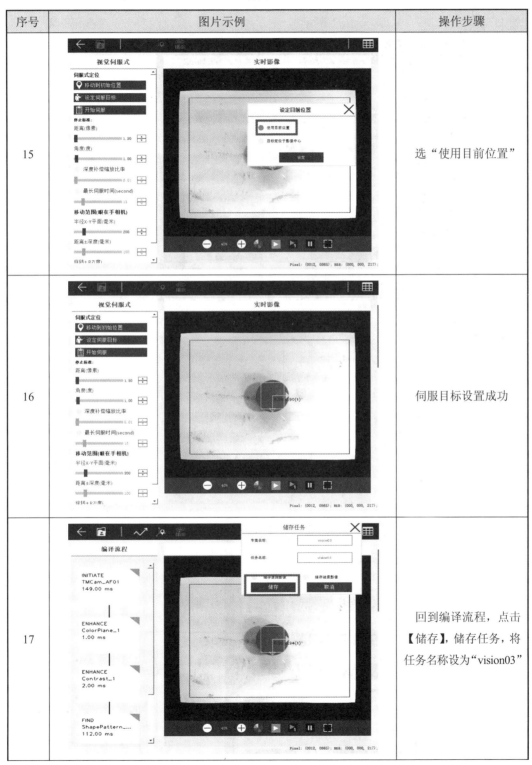	选"使用目前位置"
16		伺服目标设置成功
17		回到编译流程，点击【储存】，储存任务，将任务名称设为"vision03"

续表 11.3

序号	图片示例	操作步骤
18	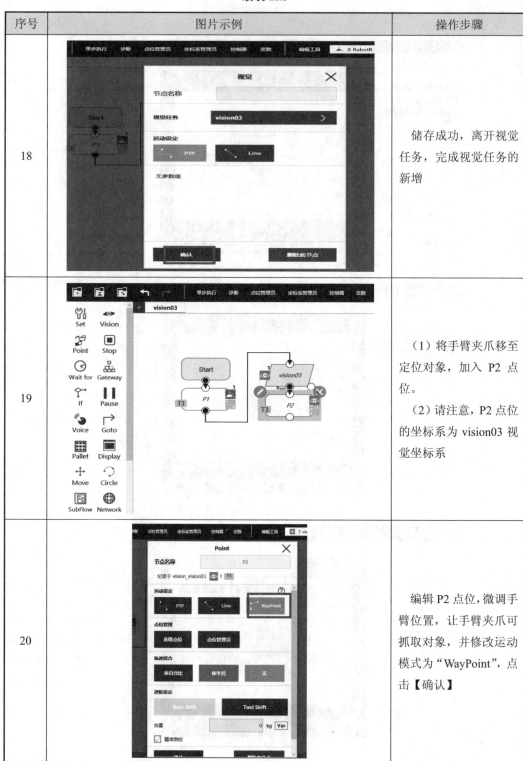	储存成功，离开视觉任务，完成视觉任务的新增
19		（1）将手臂夹爪移至定位对象，加入 P2 点位。 （2）请注意，P2 点位的坐标系为 vision03 视觉坐标系
20		编辑 P2 点位，微调手臂位置，让手臂夹爪可抓取对象，并修改运动模式为"WayPoint"，点击【确认】

续表 11.3

序号	图片示例	操作步骤
21	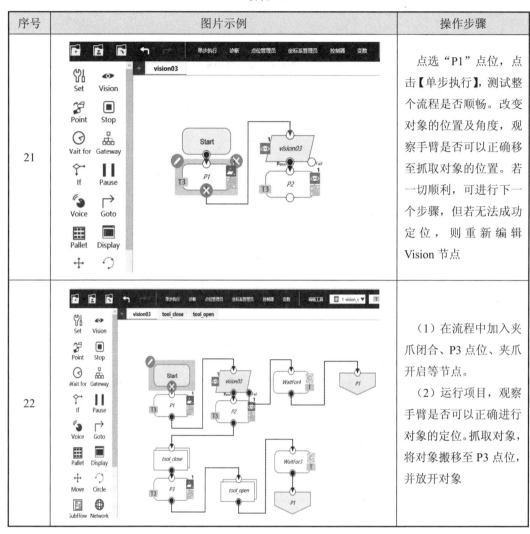	点选"P1"点位，点击【单步执行】，测试整个流程是否顺畅。改变对象的位置及角度，观察手臂是否可以正确移至抓取对象的位置。若一切顺利，可进行下一个步骤，但若无法成功定位，则重新编辑 Vision 节点
22		（1）在流程中加入夹爪闭合、P3 点位、夹爪开启等节点。 （2）运行项目，观察手臂是否可以正确进行对象的定位。抓取对象，将对象搬移至 P3 点位，并放开对象

第 12 章　Landmark 定位

12.1　简介

TM Landmark 为达明机器人的"视觉界标"，此标签可粘贴于工作平面。用户可通过 TM Landmark 建立另类的视觉坐标系，并可让后续的教导点基于该坐标系上。

其优点举例说明如下：

➤ 如图 12.1 所示，假设手臂因工作需求，需移动到 P1、P2 及 P3 点位，若这些点位是基于机器人坐标系，当桌面与手臂关系改变时，则 P1、P2 及 P3 点位需要进行重新教导。

➤ 若先通过"视觉界标"定位，建立一个视觉坐标系，在教导 P1、P2 及 P3 点位时基于此视觉坐标系，则当桌面与手臂关系改变时，只需单步执行 Landmark 视觉任务定位，即可快速修正 P1、P2 及 P3 点位，达到简易且快速部署和快速换线的目的。

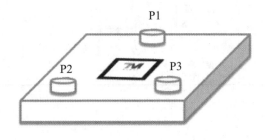

图 12.1　TM Landmark

12.2　Landmark 定位功能

进入 TM vision 任务编辑窗口，即可点选"TM Landmark 定位"功能，此功能的编译流程如图 12.2 所示。TM vision 会为使用者新增 Enhance 及 Find 节点，点击 Find 节点，若 Landmark 出现坐标符号及正方形绿色框线，则表示 Landmark 已定位。

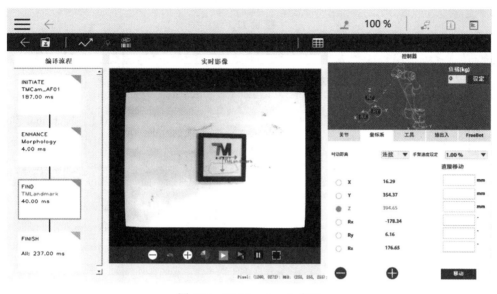

图 12.2　TM Landmark 定位

12.3　Landmark 定位

12.3.1　实验目的

➤ 练习 Landmark 定位。

➤ 练习修改旧项目，修改后另存新项目。

12.3.2　实验步骤

Landmark 定位实验的操作步骤见表 12.1。

表 12.1　Landmark 定位实验的操作步骤

序号	图片示例	操作步骤
1	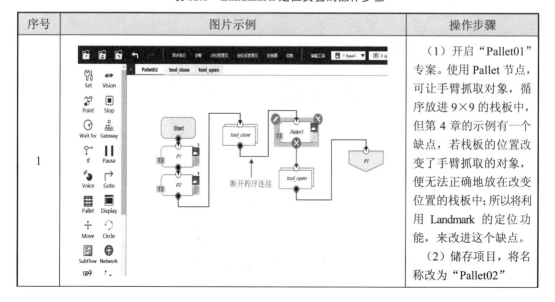	（1）开启"Pallet01"专案。使用 Pallet 节点，可让手臂抓取对象，循序放进 9×9 的栈板中，但第 4 章的示例有一个缺点，若栈板的位置改变了手臂抓取的对象，便无法正确地放在改变位置的栈板中；所以将利用 Landmark 的定位功能，来改进这个缺点。 （2）储存项目，将名称改为"Pallet02"

137

续表 12.1

序号	图片示例	操作步骤
2	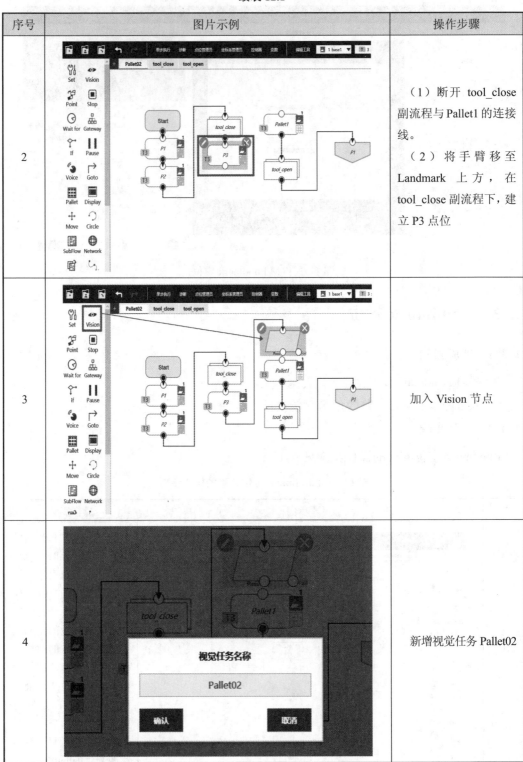	（1）断开 tool_close 副流程与 Pallet1 的连接线。 （2）将手臂移至 Landmark 上方，在 tool_close 副流程下，建立 P3 点位
3		加入 Vision 节点
4		新增视觉任务 Pallet02

续表 12.1

序号	图片示例	操作步骤
5	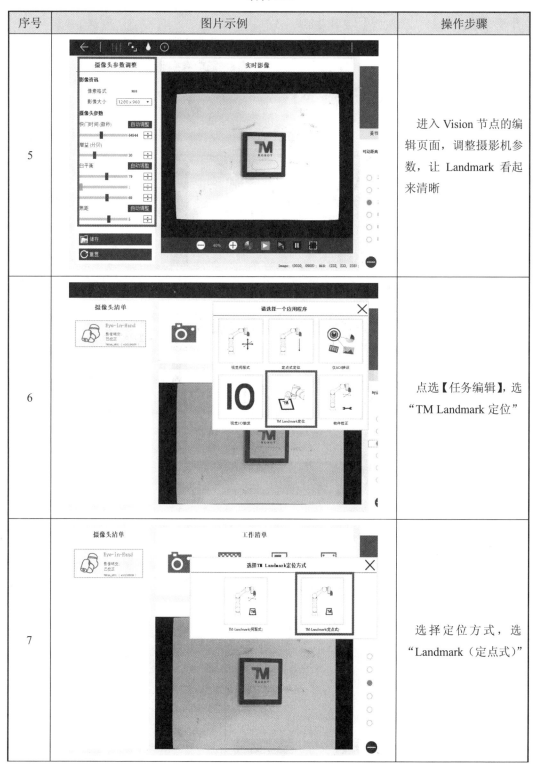	进入 Vision 节点的编辑页面，调整摄影机参数，让 Landmark 看起来清晰
6		点选【任务编辑】，选"TM Landmark 定位"
7		选择定位方式，选"Landmark（定点式）"

续表 12.1

序号	图片示例	操作步骤
8	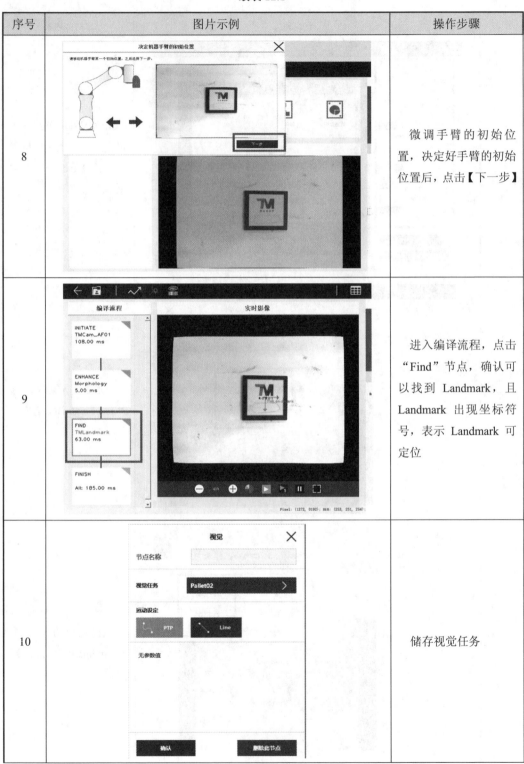	微调手臂的初始位置，决定好手臂的初始位置后，点击【下一步】
9		进入编译流程，点击"Find"节点，确认可以找到 Landmark，且 Landmark 出现坐标符号，表示 Landmark 可定位
10		储存视觉任务

续表 12.1

序号	图片示例	操作步骤
11	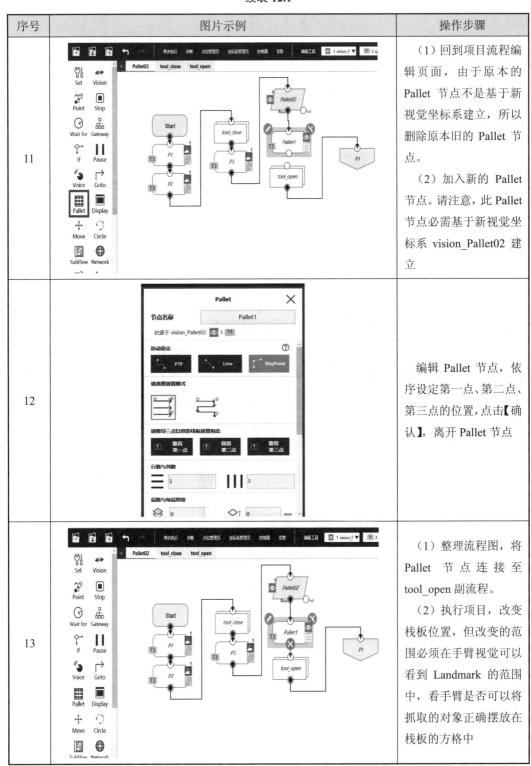	（1）回到项目流程编辑页面，由于原本的 Pallet 节点不是基于新视觉坐标系建立，所以删除原本旧的 Pallet 节点。 （2）加入新的 Pallet 节点。请注意，此 Pallet 节点必需基于新视觉坐标系 vision_Pallet02 建立
12		编辑 Pallet 节点，依序设定第一点、第二点、第三点的位置，点击【确认】，离开 Pallet 节点
13		（1）整理流程图，将 Pallet 节点连接至 tool_open 副流程。 （2）执行项目，改变栈板位置，但改变的范围必须在手臂视觉可以看到 Landmark 的范围中，看手臂是否可以将抓取的对象正确摆放在栈板的方格中

第 13 章　辨识模块

13.1　简介

在视觉任务的编译流程中，点选【辨识模块】，会出现该模块的功能，如图 13.1 所示。辨识模块提供了许多功能，其中"一维条码 / QR 二维条码"（即条形码辨识功能）与"色彩分类"（即颜色辨识功能）两项功能是标准功能，其他功能则需要付费。在本章中，主要介绍标准功能的用法。

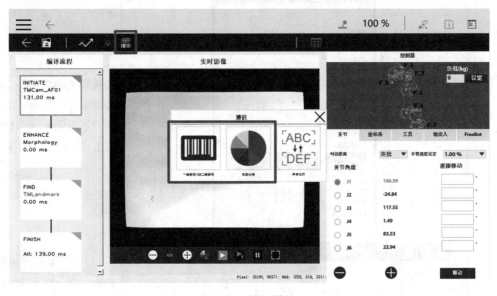

图 13.1　辨识模块

13.2　条形码辨识功能

条形码辨识功能支持一维条形码、QR 二维条形码与二维 DataMatrix 的解码。设定项目如图 13.2 所示，使用者可以点击【设定条码范围】，框选条形码区域进行辨识。

图 13.2　条形码辨识设定项目

13.2.1　设定条形码范围

设定条形码范围时，确保该区域内只有一个条形码，且该条形码是清晰可读的。若条形码为黑底白字，可依照下列步骤将影像进行反相，再进行辨识：

➢ 点选【影像强化】。

➢ 选"对比增加"功能。

➢ 将对比值调成"-1"。

设定条形码范围界面如图 13.3 所示。

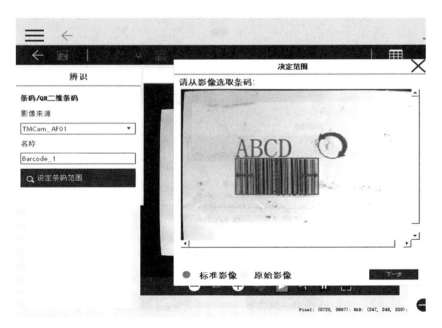

图 13.3　设定条形码范围界面

13.2.2 条形码辨识结果

若成功辨识条形码，则会输出结果字符串。

成功辨识条形码的界面如图 13.4 所示。

图 13.4 成功辨识条形码的界面

当储存视觉任务时，注意会输出一个变量，如图 13.5 所示，有一个名为"Variable: barcode01_ Barcode_1_TM"的变量。

图 13.5 条形码辨识结果变量

可以将辨识的结果字符串显示出来。如图 13.6 所示，在 Vision 节点后加入 Display
节点。

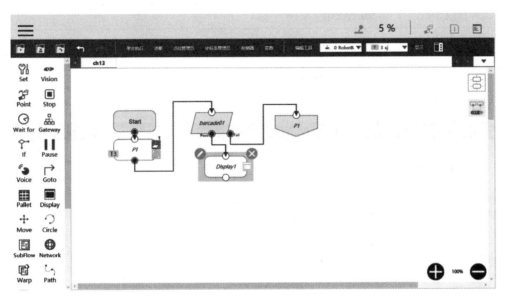

图 13.6　Vision 节点后加入 Display 节点

编辑 Display 节点，如图 13.7 所示，设定参数见表 13.1。

图 13.7　Display 节点编辑界面

表 13.1　设定参数

项目	参数
标题	"barcode01"
内文	barcode01_barcode_1_TM

加入 Goto 节点，如图 13.8 所示。

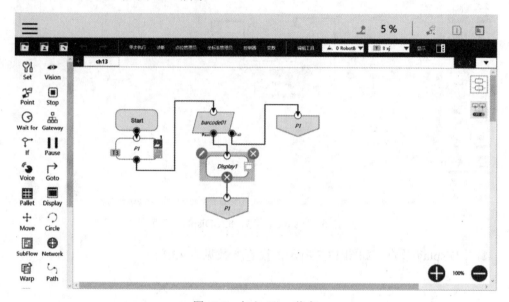

图 13.8　加入 Goto 节点

执行项目，在显示板中可看到辨识结果，如图 13.9 所示。

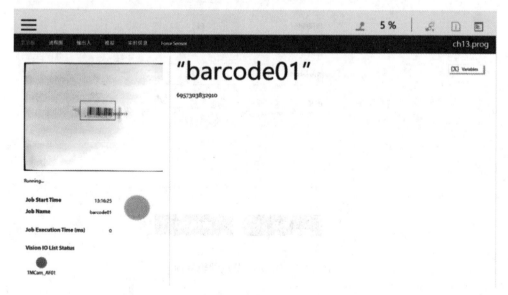

图 13.9　辨识结果

13.2.3　支持的条形码类型

本功能支持的条形码类型，见表 13.2。

表 13.2　所支持的条形码类型

一维条形码类型	最小条形码宽度/pixel	最小条形码高度/pixel
EAN-8	2	8
EAN-13	2	8
UPC-A	2	8
UPC-E	2	8
CODE 128	2	2
CODE 39	2	2
CODE 93	2	2
Interleaved 2 of 5	2	2
二维条形码类型	最小区块大小/（pixel×pixel）	
QR code	4×4	
Data Matrix	6×6	

13.3　颜色辨识功能

使用颜色辨识功能可对多种颜色进行分类。使用时，需先设定色彩分类区域，并选择识别颜色的特征区域，选取完成后，即可点击【下一步】开始训练流程。在训练流程中，用户须依指示，逐一摆放不同颜色的样本，并针对该颜色进行命名。TM vision 经过训练后，即可将对象的颜色归属至其最符合的类别。

颜色辨识功能的设定界面如图 13.10 所示。

图 13.10　颜色辨识功能的设定界面

13.3.1　设定色彩分类区域

点击图 13.10 中的【设定色彩分类区域】，可框选出颜色特征区域，如图 13.11 所示。

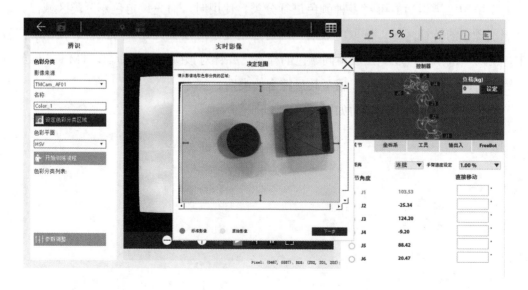

图 13.11　颜色特征区域

13. 3. 2 开始训练流程

开始训练流程见表 13.3。

表 13.3 开始训练流程

序号	图片示例	操作步骤
1	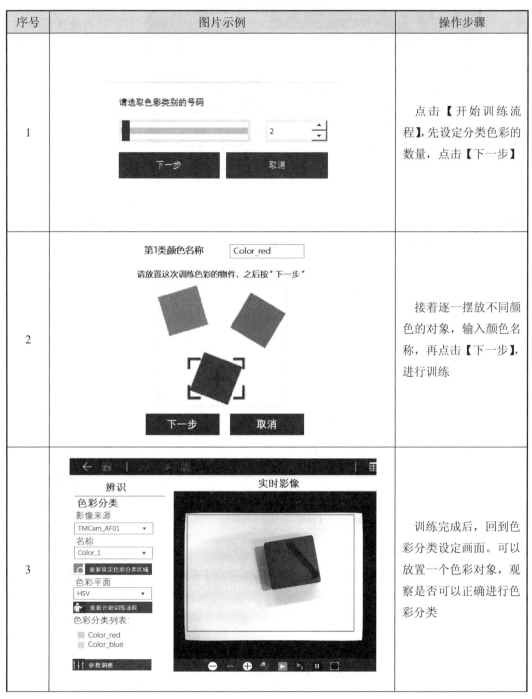	点击【开始训练流程】，先设定分类色彩的数量，点击【下一步】
2		接着逐一摆放不同颜色的对象，输入颜色名称，再点击【下一步】，进行训练
3		训练完成后，回到色彩分类设定画面。可以放置一个色彩对象，观察是否可以正确进行色彩分类

149

续表 13.3

序号	图片示例	操作步骤
4	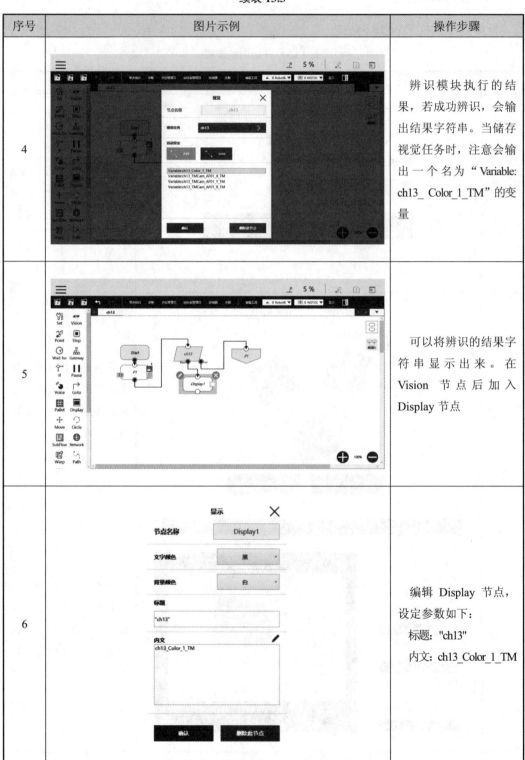	辨识模块执行的结果，若成功辨识，会输出结果字符串。当储存视觉任务时，注意会输出一个名为"Variable: ch13_ Color_1_TM"的变量
5		可以将辨识的结果字符串显示出来。在Vision 节点后加入Display 节点
6		编辑 Display 节点，设定参数如下： 标题: "ch13" 内文: ch13_Color_1_TM

续表 13.3

序号	图片示例	操作步骤
7	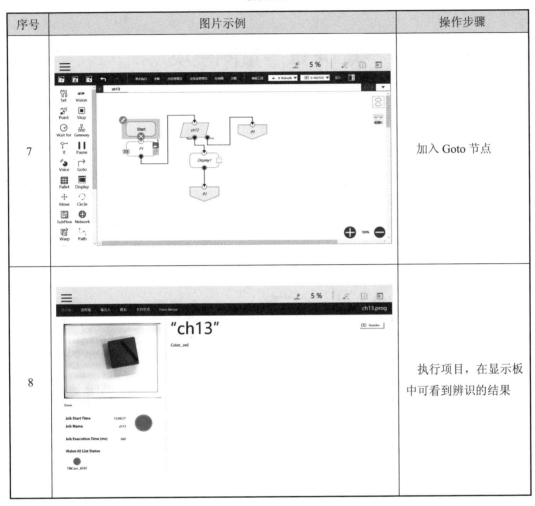	加入 Goto 节点
8	"ch13"	执行项目，在显示板中可看到辨识的结果

第 14 章　量测模块

14.1　简介

量测模块并不是 TM vision 的标准功能，需要付费才可获取。点击视觉任务编辑的【量测模块】工具按钮，可看到此模块有许多功能选项，如图 14.1 所示。

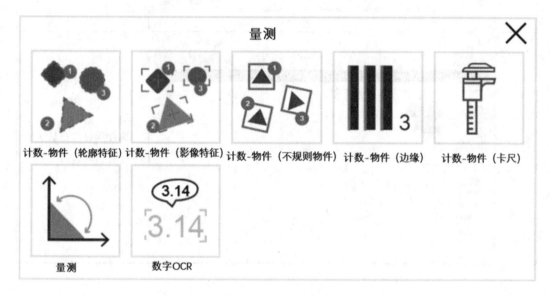

图 14.1　量测模块

使用 TM vision 的量测模块，可以进行对象的计数、计算影像的几何位置及角度，或是对对象进行量测。

14.2　计数功能

14.2.1　计数-物件（轮廓特征）

计数-物件（轮廓特征）功能可利用对象的轮廓特征进行对相同轮廓物件的计数，如图 14.2 所示。

图 14.2　利用对象的轮廓特征进行相同轮廓物件的计数

计数-物件（轮廓特征）功能的设定项目说明见表 14.1。

表 **14.1**　计数-物件（轮廓特征）功能的设定项目说明

项目	说明
选择样板	框选物件
编辑样板	编辑对象的轮廓特征
设定搜寻范围	设定搜寻位置范围、旋转范围及缩放范围
金字塔层数	在影像上执行的处理反复次数。层数越多，搜寻时间越短，但容易忽略影像的细节，造成侦测失误
最小分数	侦测结果的分数需高于此分数，才判断为同一对象
有方向性的边缘	轮廓边缘是否具有方向性

14. 2. 2　计数-物件（影像特征）

　　计数-物件（影像特征）功能可利用影像特征进行对象的计数。图 14.3 所示为使用此功能的一个范例。

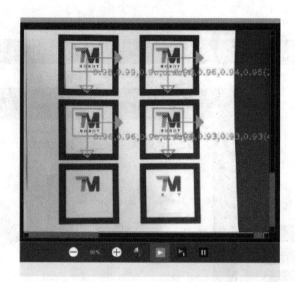

图 14.3 利用计数-物件（影像特征）进行对象的计数

14.2.3 计数-物件（不规则物件）

计数-物件（不规则物件）功能是使用物件的颜色及面积特征计算影像中的物件个数，如图 14.4 所示。

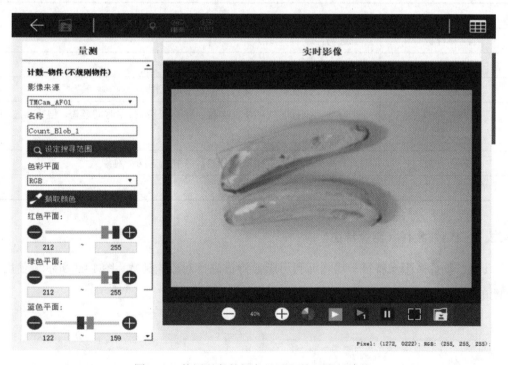

图 14.4 使用对象的颜色及面积特征进行计数

计数-物件（不规则物件）功能的设定项目说明见表 14.2。

表 14.2 计数-物件（不规则物件）功能的设定项目说明

项目	说明
选择感兴趣区域	圈选检测区域
增加忽略区域	点击后可设定忽略区域，该范围内的面积将不会被计入决策
色彩平面	可选择 RGB 或 HSV 色彩空间
撷取颜色	圈选欲检测的色彩区域
红色平面/色相平面	调整欲检测色彩特征的红色/色相数值
蓝色平面/饱和度平面	调整欲检测色彩特征的蓝色/饱和度数值
绿色平面/明度平面	调整欲检测色彩特征的绿色/明度数值
区域大小	颜色面积在此数值范围内才被计入数量

14.2.4 计数-物件（边缘）

计数-物件（边缘）功能的使用范例如图 14.5 所示，可利用零件的边缘计算零件的个数。

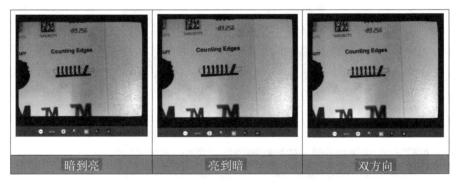

| 暗到亮 | 亮到暗 | 双方向 |

图 14.5 利用零件的边缘进行对象计数

计数-物件（边缘）功能的设定项目说明见表 14.3。

表 14.3 计数-物件（边缘）功能的设定项目说明

项目	说明
选择感兴趣区域	圈选检测区域
扫描方向	检测边缘的亮暗变化方向
影像强度阈值	边缘梯度灰阶值差异大于此数值才被检测
搜寻宽度	像素搜寻边缘的间隔距离
搜寻角度	可搜寻到的边缘角度

14.3 物件计数功能

14.3.1 实验目的

练习物件计数功能。

14.3.2 实验步骤

物件计数功能实验的操作步骤见表 14.4。

表 14.4 物件计数功能实验的操作步骤

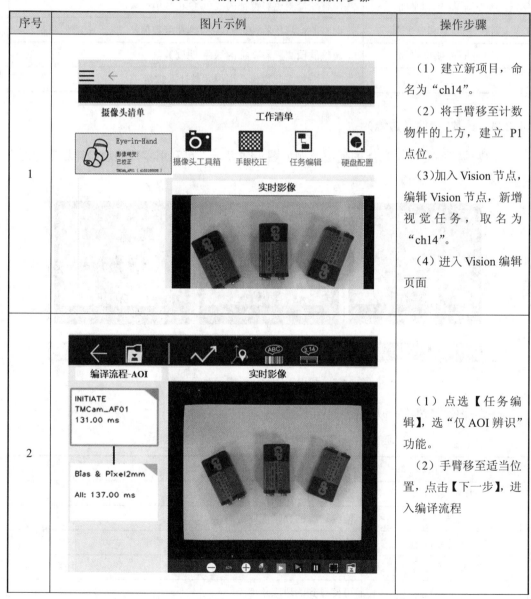

序号	图片示例	操作步骤
1		（1）建立新项目，命名为"ch14"。 （2）将手臂移至计数物件的上方，建立 P1 点位。 （3）加入 Vision 节点，编辑 Vision 节点，新增视觉任务，取名为"ch14"。 （4）进入 Vision 编辑页面
2		（1）点选【任务编辑】，选"仅 AOI 辨识"功能。 （2）手臂移至适当位置，点击【下一步】，进入编译流程

续表 14.4

序号	图片示例	操作步骤
3	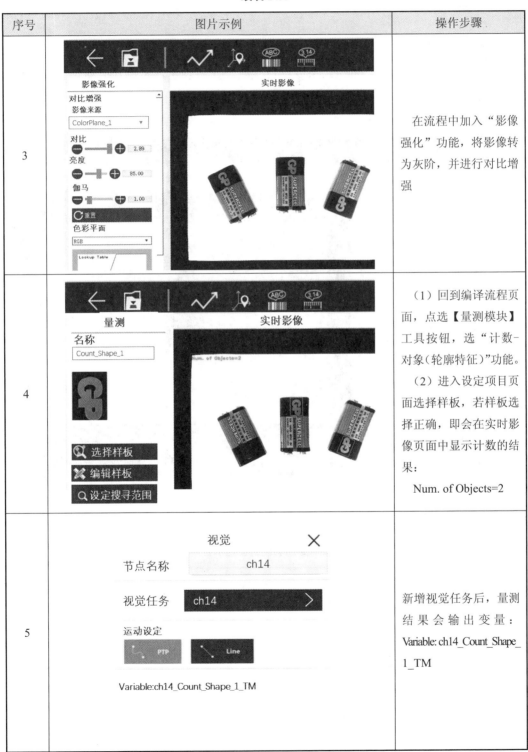	在流程中加入"影像强化"功能，将影像转为灰阶，并进行对比增强
4		（1）回到编译流程页面，点选【量测模块】工具按钮，选"计数-对象（轮廓特征）"功能。 （2）进入设定项目页面选择样板，若样板选择正确，即会在实时影像页面中显示计数的结果： Num. of Objects=2
5		新增视觉任务后，量测结果会输出变量： Variable: ch14_Count_Shape_1_TM

157

14.4 量测功能

量测功能可以让新增锚点、直线、圆、对象为量测元素。选择两项量测元素即可进行像素距离或角度的量测，量测结果以红色线段及文字表示。量测功能的设定项目界面如图 14.6 所示。

图 14.6 量测功能的设定项目界面

量测功能的设定项目说明见表 14.5。

表 14.5 量测功能的设定项目说明

项目	说明
增加新对象	选取要新增的量测元素，可选择锚点、直线、圆、对象为量测元素
增加新量测	选择两项元素，量测距离或角度
距离单位	可由校正板或 TM Landmark 将像素换算成毫米（仅供参考）

14.4.1 锚点

在影像中选择一点作为锚点，可量测锚点与任一元素的距离及角度，如图 14.7 所示。

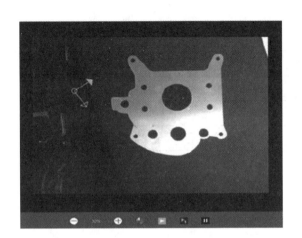

图 14.7　量测锚点与任一元素的距离及角度

量测功能锚点功能的设定项目说明见表 14.6。

表 14.6　量测功能锚点功能的设定项目说明

项目	说明
手动调整	以手动方式拖拉锚点至目标位置
X 方向位移（像素）	移动锚点位置至相对于原点的 X 方向
Y 方向位移（像素）	移动锚点位置至相对于原点的 Y 方向
旋转	围绕初始位置，旋转锚点角度

14.4.2　直线

在影像中选择一直线，可量测直线与任一元素的距离及角度，如图 14.8 所示。

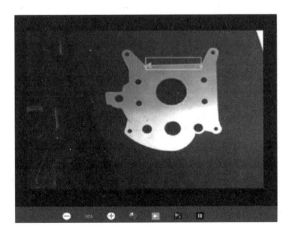

图 14.8　量测直线与任一元素的距离及角度

直线量测功能的设定项目说明见表 14.7。

表 14.7　直线量测功能的设定项目说明

项目	说明
选择感兴趣区域	框选要新增直线的对象边缘，鼠标拖拉的方向决定直线的方向
扫描方向	检测边缘的亮暗变化方向
影像强度阈值	边缘梯度灰阶值差异大于此数值才被检测

14.4.3　圆

在影像中选择一圆，可量测圆与任一元素的距离及角度，如图 14.9 所示。

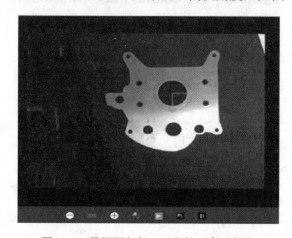

图 14.9　量测圆与任一元素的距离及角度

量测圆功能的设定项目说明见表 14.8。

表 14.8　量测圆功能的设定项目说明

项目	说明
选择感兴趣区域	框选要新增的圆轮廓，会显示两个同心圆，将轮廓调整在两同心圆之间，调整影像强度的阈值与检测角度，让结果稳定
扫描方向	检测边缘的亮暗变化方向
影像强度阈值	边缘梯度灰阶值差异大于此数值才被检测

14.4.4　物件

在影像中选择一个物件，可量测物件与任一元素的距离及角度。物件对象可依轮廓特征或影像特征来选择。

若选择物件（轮廓特征）功能，可框选物件的轮廓作为特征，再设定搜寻范围，并调整金字塔层数与最小分数，让结果稳定。

若是选择计数-物件（影像特征），可选择样板，框选要新增对象的影像，设定搜寻范围，并调整金字塔层数与最小分数，让结果稳定。

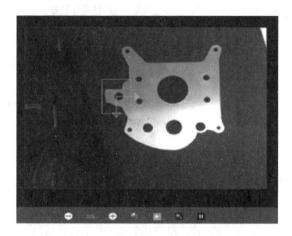

图 14.10　量测对象与任一元素的距离及角度

14.5　物件量测功能

14.5.1　实验目的

练习物件量测功能。

14.5.2　实验步骤

物件量测实验的操作步骤见表 14.9。

表 14.9　物件量测实验的操作步骤

序号	图片示例	操作步骤
1		（1）建立新项目，命名为【vision05】。 （2）将手臂移至量测对象的上方，建立 P1 点位。 （3）加入 Vision 节点。新增视觉任务，取名为【vision05】。 （4）进入 Vision 编辑页面

续表 14.9

序号	图片示例	操作步骤
2	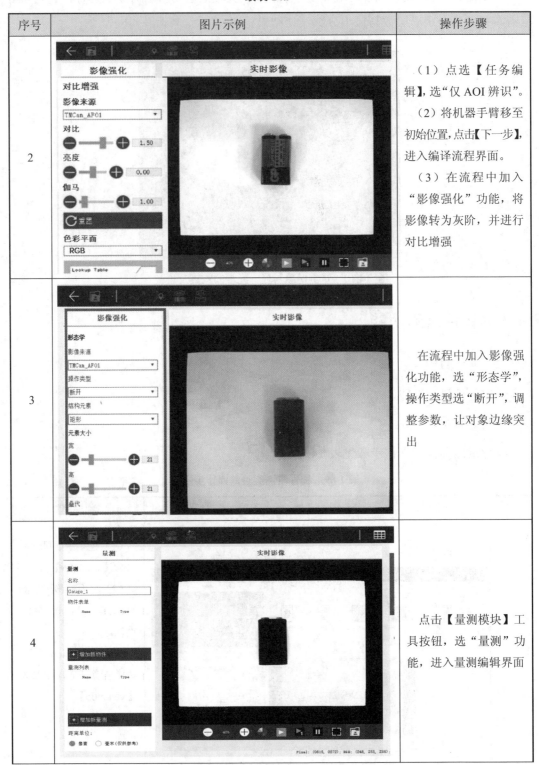	（1）点选【任务编辑】，选"仅 AOI 辨识"。 （2）将机器手臂移至初始位置，点击【下一步】，进入编译流程界面。 （3）在流程中加入"影像强化"功能，将影像转为灰阶，并进行对比增强
3		在流程中加入影像强化功能，选"形态学"，操作类型选"断开"，调整参数，让对象边缘突出
4		点击【量测模块】工具按钮，选"量测"功能，进入量测编辑界面

续表 14.9

序号	图片示例	操作步骤
5	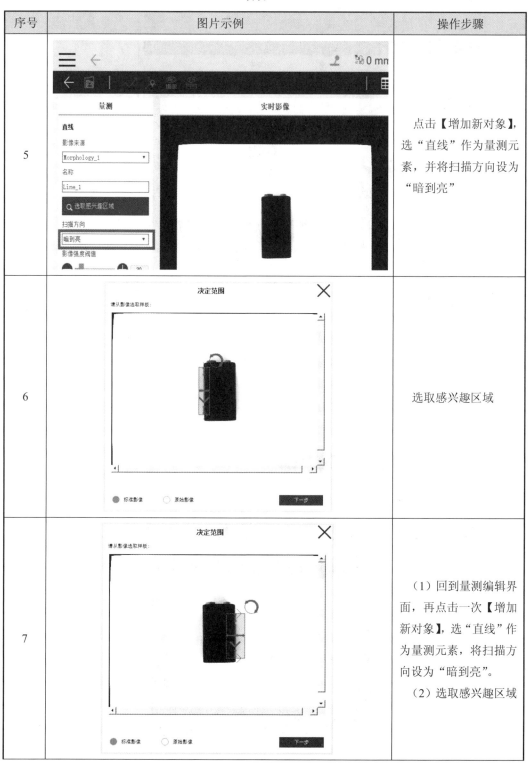	点击【增加新对象】，选"直线"作为量测元素，并将扫描方向设为"暗到亮"
6		选取感兴趣区域
7		（1）回到量测编辑界面，再点击一次【增加新对象】，选"直线"作为量测元素，将扫描方向设为"暗到亮"。 （2）选取感兴趣区域

163

续表 14.9

序号	图片示例	操作步骤
8	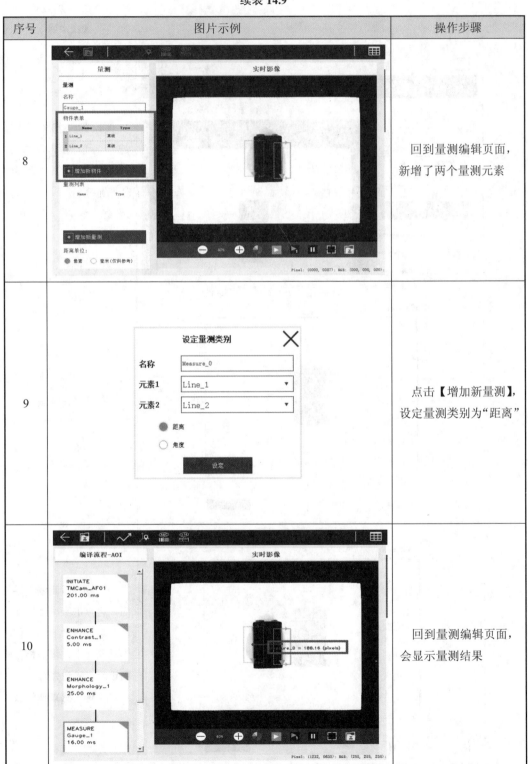	回到量测编辑页面，新增了两个量测元素
9		点击【增加新量测】，设定量测类别为"距离"
10		回到量测编辑页面，会显示量测结果

续表 14.9

序号	图片示例	操作步骤
11	 视觉 ✕ 节点名称　vision05 视觉任务　vision05　＞ 运动设定 PTP　　Line Variable:vision05_Gauge_1_Measure_0_TM □ 更改 负重为　　　　0　kg　Var 确认　　　删除此节点	储存视觉任务，量测结果会输出变量：Variable:vision05_Gauge _1_Measure_0_TM

参考文献

[1] 张明文. 工业机器人技术人才培养方案[M]. 哈尔滨：哈尔滨工业大学出版社，2017.

[2] 张明文. 工业机器人技术基础及应用[M]. 哈尔滨：哈尔滨工业大学出版社，2017.

[3] 张明文. 工业机器人入门实用教程（FANUC 机器人）[M]. 哈尔滨：哈尔滨工业大学出版社，2017.

[4] 张明文. 工业机器人入门实用教程（ABB 机器人）[M]. 哈尔滨：哈尔滨工业大学出版社，2018.

[5] 张明文，王璐欢. 智能协作机器人入门实用教程（优傲机器人）[M]. 北京：机械工业出版社，2020.

[6] 张明文. 智能协作机器人技术应用初级教程（遨博）[M]. 哈尔滨：哈尔滨工业大学出版社，2020.

观看教学视频

步骤一

登录"技皆知网"

www.jijiezhi.com

步骤二

搜索教程对应课程

咨询与反馈

尊敬的读者：

　　感谢您选用我们的教程！

　　本书有丰富的配套教学资源，凡使用本书作为教程的教师可咨询有关实训装备事宜。在使用过程中，如有任何疑问或建议，可通过电子邮箱（market@jijiezhi.com）或扫描右侧二维码，提交咨询信息。

（书籍购买及反馈表）

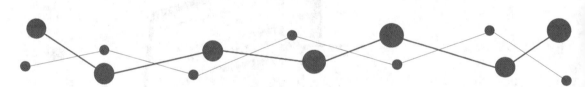